Laura Zimmermann

Dreidimensional nanostrukturierte und superhydrophobe mikrofluidische Systeme zur Tröpfchengenerierung und -handhabung

Schriften des Instituts für Mikrostrukturtechnik
am Karlsruher Institut für Technologie
Band 8

Hrsg. Institut für Mikrostrukturtechnik

Eine Übersicht über alle bisher in dieser Schriftenreihe erschienenen
Bände finden Sie am Ende des Buchs.

Dreidimensional nanostrukturierte und superhydrophobe mikrofluidische Systeme zur Tröpfchengenerierung und -handhabung

von
Laura Zimmermann

Dissertation, Karlsruher Institut für Technologie
Fakultät für Maschinenbau
Tag der mündlichen Prüfung: 03. November 2010
Hauptreferent: Prof. Dr. rer. nat. Volker Saile
Korreferenten: Prof. Dr. rer. nat. habil. Michael Köhler
PD. Dr.-Ing. Andreas E. Guber

Impressum

Karlsruher Institut für Technologie (KIT)
KIT Scientific Publishing
Straße am Forum 2
D-76131 Karlsruhe
www.ksp.kit.edu

KIT – Universität des Landes Baden-Württemberg und nationales
Forschungszentrum in der Helmholtz-Gemeinschaft

KIT Scientific Publishing 2011
Print on Demand

ISSN: 1869-5183
ISBN: 978-3-86644-634-2

Dreidimensional nanostrukturierte und superhydrophobe mikrofluidische Systeme zur Tröpfchengenerierung und -handhabung

Zur Erlangung des akademischen Grades eines
Doktors der Ingenieurwissenschaften
der Fakultät für Maschinenbau des
Karlsruher Instituts für Technologie

genehmigte
Dissertation

von
Dipl.-Ing.
Laura Zimmermann
aus Karlsruhe

Tag der mündlichen Prüfung: 03.11.2010
Hauptreferent: Prof. Dr. rer. nat. Volker Saile (KIT, Campus Nord)
Korreferent: Prof. Dr. rer. nat. habil. Michael Köhler (TU Ilmenau)
Korreferent: PD. Dr.-Ing. Andreas E. Guber (KIT, Campus Nord)

Kurzfassung

Im Rahmen dieser Arbeit wurde ein Konzept für die Fertigung von dreidimensional nanostrukturierten Kanalwänden, die superhydrophobe Eigenschaften besitzen und in denen monodisperse Tröpfchen generiert werden, entwickelt und umgesetzt.

Neue Mikrofluidiksysteme bieten die Möglichkeit für innovative biomedizinische Anwendungen, wie die Verkapselung von einzelnen Zellen, eingesetzt zu werden. Tröpfchenbasierte mikrofluidische Systeme sind in der Lage biologische Prozesse, die in kleinen Tröpfchen ablaufen, präzise nach Ort und Reaktionszeit aufzulösen. Ein hoher Durchsatz an biologischen Substanzen, wie zum Beispiel Zellen, können durch die Verwendung von tröpfchenbasierten mikrofluidischen Systemen und einem seriellen Tröpfchendurchfluss erzielt werden. Die Herausforderung liegt bis jetzt in der kostengünstigen Fertigung mikrofluidischer Systeme, die in der Lage sind, Tröpfchen mit konstant hohen Raten und einem konstantem Tröpfchenvolumen zu generieren. Ein Ansatz dieses Problem zu lösen, ist, mikrofluidische Systeme mit superhydrophoben Kanalwänden, die einen periodischen Tröpfchenabbruch mit konstantem Tröpfchenvolumen gewährleisten, herzustellen. Diese Annahme wurde durch Simulationsergebnise, die in einem superhydrophoben und einem hydrophilen System durchgeführt wurden, bestätigt. In dieser Arbeit wird ein neuer Fertigungsansatz, um mikrofluidische Systeme mit runden Kanälen und superhydrophoben Eigenschaften zu fertigen, aufgezeigt. Dieser Fertigungsansatz beruht auf einer Kombination aus Heißprägen und Mikrothermoformen. Tröpfchengenerierungsversuche wurden in unmodifizierten und modifizierten Systemen durchgeführt und bestätigten die Simulationen: ein periodischer Tröpfchenabbruch mit konstantem Volumen konnte in den superhydrophoben Systemen wohingegen ein unperiodischer Tröpfchenabbruch mit nicht konstantem Volumen in den unmodifizierten System beobachtet wurde. Weiterhin wurden erste erfolgreiche Versuche zur Zellverkapselung unternommen.

Um den periodischen Tröpfchenabbruch mit den konstanten Tröpfchenvolumina messbar zu beobachten, wurde ein System, das auf Bildverarbeitungsalgorithmen, die ein berührungsloses und echtzeitfähiges Messen ermöglichen, entwickelt und umgesetzt. Neben den Tröpfcheneigenschaften, wie zum Beispiel das Tröpfchenvolumen, den Kontaktwinkel zwischen Tröpfchen und Kanalwand, die Tröpfchengeschwindigkeit und weitere Größen, wurde für das bessere Verständnis des Tröpfchenabbruchs in Zwei-Phasen-Systemen die Tröpfchenabrissparameter für die jeweilige Messreihe bestimmt. Das System wurde zunächst an Testsequenzen später in Echtzeitmessreihen getestet.

Abstract

In this work a concept to fabricate three dimensional nano structured channel walls, which have superhydrophobic properties and in which mono disperse droplets are generated, was developped and realized.

Novel nano microfluidic systems hold the potential to be used for innovative biomedical applications such as the encapsulation of single cells. Droplet-based microfluidic systems are able to resolve precisely biological processes running in small droplets according to their reaction time and place. High throughput analysis of biological substances such as cells can be achieved with droplet-based systems due to the serial flow of the droplets. One challenge so far is the fabrication of low cost microfluidic systems which are able to generate droplets at stable high rates and with a constant volume. One approach to this problem is the fabrication of microfluidic systems with super hydrophobic channel walls so that a periodic droplet break up with a constant volume is ensured. This assumption was indicated by the results of simulations performed with channel systems having super hydrophobic and hydrophilic surface properties. Hence, a novel fabrication method to create microfluidic systems with tubular channel walls having super hydrophobic surface properties, realized by a combination of hot embossing and therrmoforming, is presented. Experiments were conducted with surface modified and unmodified microfluidic systems. The results obtained during the experiments verified the simulation assumptions: a periodic croplet break up with a constant droplet volume could be observed with microfluidic channel systems having super hydrophobic surface properties and an unstable droplet break up leading to different droplet volumes could be observed with the unmodified systems. In addition first experiments were successfully conducted to encapsulate cells.

To monitor the periodoc droplet break up with constant droplet volumes a measurement and control system based on image processing algorithms which allows contact-free and online measurements was developped and implemented. Besides calculating droplet features such as droplet volume, the contact angle between the droplet and the channel wall, the speed of the droplet and other features, the droplet break up parameters were determined. The determination of the droplet break up parameters is necessary to gain a deeper insight of break up machansims in two phase systems. The measurement and control system was first tested on test sequences later in online measurements.

Danksagung

Die vorliegende Arbeit ist das Ergebnis eines dreijährigen, erfolgreichen Zusammenwirkens verschiedenster Disziplinen. Während dieser Zeit hatte ich das Vergnügen mit vielen freundlichen, aufgeschlossenen und hilfsbereiten Menschen zusammenzuarbeiten.

Ein ganz besonderer Dank gilt meinem Doktorvater Herrn Prof. Dr. Saile, der diese interessante Arbeit anregte. Er nahm sich stets Zeit, um die Ergebnisse meiner Arbeit zu verfolgen und zu diskutieren.

Für die freundliche Übernahme des Korreferates gebührt mein ganz besonderer Dank Herrn Prof. Dr. rer. nat. habil. Michael Köhler vom Institut für Physik, Fachgebiet Physikalische Chemie/Mikroreaktionstechnik.

Herrn Prof. Dr.-Ing. Gratzfeld danke ich für die Übernahme des Prüfungsvorsitzes. Herrn PD Dr. Guber, Leiter des Funktionsbereichs Mikrofluidik, möchte ich für die Betreuung, die Unterstützung und das Vertrauen in meine Arbeit danken.

Die Zusammenarbeit mit Herrn Dr. W. Thiele und Frau Dr. M. Rothley vom Institut für Toxikologie und Genetik war sehr bereichernd. Ich danke ihnen für die vielen interessanten Einblicke in die Biologie.

Herrn Dr. M. Linder und seinem Team danke ich für die lehrreichen Monate in der Arbeitsgruppe Nanobiotechnology (VTT Helsinki), die ich im Rahmen eines vom Karlsruhe House of Young Scientists (KHYS) finanzierten Auslandsaufenthalts verbracht habe.

Herrn Dr. M. Guttmann bin ich für die fachlichen Anregungen und die Unterstüzung während dieser Arbeit dankbar. Herrn Dr. S. Giselbrecht vom Institut für Biologische Grenzflächen danke ich für die Unterstützung beim Thermoformen. Für die hervorragende prozesstechnische Unterstützung möchte ich allen Mitarbeitern des Institus für Mikrostrukturtechnik danken, insbesondere Herrn Dipl.-Ing. (FH) P.-J. Jakobs, Herrn A. Bacher, Frau A. Moritz, Herrn PD Dr. M. Worgull und Herrn Dipl.-Ing. M. Schneider und Frau S. Manegold.

Meinen Studenten H. Zhang, H. Harshwardhan, T. Müller und J. Lam danke ich für ihren Einsatz, der meine Arbeit berreichert hat.

Für eine kollegiale Atmosphäre danke ich den Doktoranden des IMT. Insbesondere denen vom ersten Flur, die mir immer hilfsbereit zur Seite standen und mich zudem oft zum Lachen gebracht haben.

Nicht zuletzt danke ich meinen Eltern und meinen Freunden, dass sie unablässig an mich geglaubt haben.

Inhaltsverzeichnis

Abbildungsverzeichnis

1 Einleitung

1.1 Von der Mikrofluidik zur Tröpfchenfluidik

Die Wissenschaft der Mikrofluidik und die daran gekoppelte Entwicklung der System-technologie beschäftigen sich mit der Verarbeitung und der Handhabung von Flüssig-keitsmengen, die im Bereich von Nano- bis Picoliter liegen. Diese Flüssigkeiten bewegen sich in mikrofluidischen Systemen, deren Bauteildimensionen im Bereich einiger Mikrometer liegen.

Die Ursprünge und die Beweggründe mikrofluidische Vorgänge wissenschaftlich zu untersuchen, entstammt aus vier verschiedenen Bereichen [1]. Die erste Anregung Mikrofluidik zu betreiben kam mit der Entwicklung der Gaschromatografie, der Hochleistungsflüssigkeitschromatografie und der Kapillarelektrophorese auf. Durch die Kombination von hoher Sensitivität mit hohem Auflösungsvermögen bei gleichzeitig kleinem Probenverbrauch wurde die chemische Analytik revolutioniert. In den 1990er Jahren wurde die Mikrofluidik auch für militärische Anwendungen interessant. In den Vereinigten Staaten brach, bedingt durch ein von der Defense Advanced Research Project Agency (DARPA) gefördertes Programm zur Entwicklung portabler Analysegeräte für den Nachweis von chemischen und biologischen Kampfstoffen, ein Aufschwung in der wissenschaftlichen Untersuchung der Mikrofluidik aus. Doch das Interesse, die Wissenschaft der Mikrofluidik zur Entwicklung und Fertigung von effizienteren Analysemethoden mit hohen Durchsatzraten, voranzutreiben, bestand nicht nur seitens der Chemie und des Militärs, auch die Biologie entdeckte mit dem Genomikdurchbruch in den 1980er Jahren die Mikrofluidik für sich. Die Biologie benötigte mit einem Mal Analysemethoden, mit denen eine große Anzahl an Proben, die hochsensitiv und hochauflösend detektiert und analysiert werden sollten, verarbeitbar war. Durch die Verfügbarkeit technischer Fertigungsverfahren aus dem Bereich der Siliziumtechnik kam die Hoffnung auf, diese für die Entwicklung und Fertigung mikrofluidischer Systeme einsetzen zu können. Doch es stellte sich heraus, dass die speziell für Silizium entwickelten Fertigungsmethoden nicht in allen Bereichen der Mikrofluidik den gewünschten Erfolg brachten, weil Silizium ein opakes Material ist und dieses Material, um Reagenzien in den Kanalsystemen optisch zu analysieren, unbrauchbar ist.

Die Nachfrage nach mikrofluidischen Methoden, die es ermöglichen, den Verlauf einer chemischen Reaktion oder eines biologischen Prozesses einer genauen Position im mikrofluidischen Bauteil zu einem bestimmten Zeitpunkt zuzuordnen, wurde immer größer. Zusätzlich zu dieser Forderung sollten viele chemische Reaktionen oder biologische Prozesse gleichzeitig auf einem mikrofluidischen Bauteil verarbeitbar sein, ohne die Bauteildimensionen zu vergrößern. All diese Herausforderungen konnten mit dem Aufkommen der Tröpfchenfluidik, die als Weiterentwicklung der Mikrofluidik verstanden werden kann, nun bewältigt werden. Doch was unterscheidet die tröpfchenbasierte Mikrofluidik von der klassischen Mikrofluidik?

Die tröpfchenbasierte Mikrofluidik ermöglicht die Generierung und die Handhabung diskreter Fuidvolumina in Form von Plugs oder Tröpfchen mit Tröpfchendurchmessern von einigen Mikro- bis Nanometern. Die seriell erzeugten Tröpfchen sind einzeln handhabbar und stellen räumlich und zeitlich voneinander getrennte Reaktionskompartments, deren Position im mikrofluidischen System einem genauen kinetischen Zustand entspricht, dar. Eine parallele Prozessierung mit einer hohen Durchsatzrate von bis zu 10^4 Tröpfchen pro Minute ist möglich.

Das Prinzip der Erzeugung diskreter Flüssigkeitsvolumina, die sich seriell in mikrofluidischen Kanälen bewegen, hat ein Forscherteam unter der Leitung von *M. Prakash* und *N. Gershenfeld* [2] erstmals umgesetzt, um logische Schaltungen zur Ausführung von Rechenoperationen nach Boolean'schen Gesetzen mittels digitaler Tröpfchenfluidik zu realisieren. Die tröpfchenbasierte Mikrofluidik findet aber nicht nur Anwendung in der digitalen Tröpfchenfluidik, sie wird auch in der (bio-)chemischen Analytik und der kombinatorischen Chemie eingesetzt, wo die Tröpfchen als Mikrokompartments für die Zellkultivierung oder als Mikroreaktoren für chemische Reaktionen dienen [3–18]. Im Bereich der (bio-)chemischen Analytik stellt die tröpfchenbasierte Mikrofluidik eine Alternative zu den Mikrotiterplatten dar, da sie ein serielles Durchlaufen der Proben durch ein lineares Array mit hohen Durchsatzraten ermöglicht, gerade wegen ihres einfachem Systemaufbau ohne Pumpen, Ventile oder Reservoirs. Auch die Erzeugung komplexer Sequenzmuster, worunter binäre oder ternäre Systeme, die aus verschiedenen Reagenzien oder Reagenzien in verschiedenen Konzentrationen bestehen, verstanden werden, ist mit der tröpfchenbasierten Mikrofluidik möglich [3, 13]. Die Analyse der Reagenzien oder Reaktionsprodukte in den Tröpfchen erfolgt zeitunabhängig. Dieses Merkmal ist ein zusätzlicher Vorteil gegenüber den Mikrotiterplatten, bei denen durch aufwendiges und zeitintensives Pipettieren und Mischen verschiedener Reagenzien oder demselben Reagenz in unterschiedlicher Konzentration Substanzbibliotheken für neue medizinische Wirkstoffe angelegt werden.

Untersuchungen von biologischen Prozessen, wie zum Beispiel von verkapselten Zellen, aber auch Untersuchungen von chemischen Reaktionsabläufen in Tröpfchenkompartments benötigen standardisierte Versuchsbedingungen, zu denen neben konstanter Temperatur, eine uniforme Tröpfchenform und ein konstantes Tröpfchenvolumen gehören. Erst wenn diese Versuchsbedingungen konstant gehalten werden, können reproduzierbare biologische Zellwachstums- oder chemische Reaktionsergebnisse erzielt werden. Die daraus folgenden Aussagen sind somit versuchsunabhängig. Bisher erfolgte nur ein Funktionsnachweis der meisten Tröpfchengenerierungsprinzipien, die Zellen oder chemische Reagenzien verkapseln, ungeachtet der Monodispersität der Kapseln. Deshalb wird mit dieser Arbeit versucht, die Reproduzierbarkeit von Zelluntersuchungen in tropfenförmigen Kapseln durch die Generierung dieser mit konstantem Volumen und uniformer Geometrie zu optimieren.

1.2 Zielsetzung der Arbeit

Ziel dieser Arbeit ist die Entwicklung eines tröpfchenbasierten, mikrofluidischen Systems, mit dem Tröpfchen generiert und manipuliert werden können. Aus der Vielzahl möglicher Funktionsprinzipien, die sich von elektrostatisch [18–24] über pneumatisch [25–27] bis hin zu piezoelektrisch [28, 29] betriebenen Systemen erstrecken, fiel die Entscheidung auf ein flüssig/flüssig Zwei-Phasen-System [3, 4, 8, 9, 13, 17]. Dieses Funktionsprinzip erlaubt passive Fluidikstrukturen zu realisieren, die bei längerer Lagerung in Trägerflüssigkeit weder kontaminiert werden noch verdunsten. Heterogene Systeme wie flüssig/flüssig Zwei-Phasen-Systeme unterdrücken auf Grund ihres speziellen Strömungsverhaltens die Dispersion, so dass eine komplexe Probenhandhabung möglich ist. Deshalb soll eine nach dem Zwei-Phasen-Prinzip wirkende Komponente zur Tröpfchengenerierung konzipiert und gefertigt werden. Dieses Tröpfchengenerierungsmodul soll in späteren Versuchsreihen zur Krebsstammzellverkapselung getestet werden. Die Konzeption des Tröpfchengenerierungsmodul beinhaltet eine für Zellen und für biologische Prozesse angepasste Polymerauswahl und die Evaluation der verfügbaren Fertigungsverfahren für die Herstellung eines kostengünstigen, replizierbaren, mikrofluidischen Systems mit ausreichender Anzahl an Anschlüssen für das Einkoppeln und Auskoppeln der Flüssigkeiten und Zellen. Darauf aufbauend soll die Herstellung des Tröpfchengenerierungsmoduls erfolgen. Die gefertigten mikrofluidischen Bauteile müssen dicht und positioniert zu einem Gesamtsystem zusammengestzt werden, was mittels geeigneter Aufbau- und Verbindungstechniken erfolgen soll.

Eine Systemanforderung, die sich durch die Verkapselung von Zellen ergibt, ist eine hohe Tröpfchenrate mit uniformer Geometrie. Letzteres bedeutet, dass das Tröpfchenvolumen zu Gunsten der Reproduzierbarkeit der Ergebnisse konstant gehalten werden muss. Um dieser Zielsetzung gerecht zu werden, müssen die Oberflächen des Tröpfchengenerierungsmoduls strukturiert und funktionalisiert werden, so dass sich im kritischen Bereich, wo das Tröpfchen entsteht, ein superhydrophober Benetzungszustand einstellt. Dieser superhydrophobe Benetzungszustand fördert den Tröpfchengenerierungsprozess zu höheren Tröpfchenraten mit uniformer Geometrie und Volumen. Um geeignete Strukturlayouts zur Veränderung des Benetzungszustandes zu finden, müssen vorab Tröpfchengenerierungssimulationen mit unterschiedlichen Benetzungszuständen durchgeführt werden. Anhand der daraus gewonnen Erkenntnisse über die Strukturgeometrie sollen die Strukturen mittels vorab ermittelter Fertigungsverfahren erzeugt und anschließend mit geeigneten Verfahren weiter funktionalisiert werden. Die so gewonnenen Wasser abweisenden Strukturen sollen abschließend in das mikrofluidische System integriert werden.

Für die Bewertung der Tröpfchen hinsichtlich Form und Volumen soll ein echtzeitfähiges Messsystem, basierend auf bildverarbeitenden Algorithmen, konzipiert und implementiert werden. Hierfür sollen Schnittstellen zwischen Kamera und PC bzw. Programm und Schnittstellen zwischen der Spritzenpumpe, die das mikrofluidische System antreibt und PC bzw. Programm implementiert und in einer grafischen Oberfläche eingebettet werden. Über diese grafische Oberfläche soll die Echtzeitverarbeitung der Tröpfchengenerierungsvideosequenzen erfolgen. Die während der Aufnahme und bei der gleichzeitig ablaufenden Bildverarbeitung gewonnenen Daten sollen gespeichert, ausgewertet und auf der grafischen Oberfläche visuell dargestellt werden.

2 Grundlagen

2.1 Mikrofluidik

Durch die Skalierung fluidischer Systeme zu kleineren Dimensionen bis in den Mikrometerbereich steigt das Oberflächen- zu Volumenverhältnis bis zu mehrere Größenordnungen [30–32]. Dadurch werden effizient homogene Stoff- und Temperaturgradienten erzeugt. Die Übertragung von Masse oder Wärme verläuft rasch, da mehr Grenzfläche, worüber die Abgabe von Masse oder Wärme erfolgen kann, als in makroskopischen Systemen vorhanden ist.

Ein weiterer skalierungsbedingter Effekt ist, dass der Einfluss von viskosen Kräften stärker als der Massenträgheitseinfluss wird. Dieses Phänomen spiegelt sich in der Reynoldszahl wieder. Die Reynoldszahl in mikrofluidischen Systemen ist aufgrund der großen viskosen Kräfte im Vergleich zu den Massenträgheitskräften sehr klein. In druckbetriebenen Strömungssituationen zeigt sich dies durch eine laminare Strömung mit parabolischem Strömungsprofil. Wird zur Berechnung der Strömungsgeschwindigkeit u die Navier-Stokes-Gleichung herangezogen, fallen alle konvektiven Terme weg und es gilt die lineare Stokes-Gleichung zu lösen:

$$\begin{aligned}
\rho \cdot \frac{\partial u}{\partial t} &= \nabla \sigma + f \\
&= -\nabla p + \eta \nabla^2 u + f
\end{aligned} \tag{2.1}$$

Die Strömungsgeschwindigkeit u, die in Abhängigkeit von der Dichte ρ dargestellt ist, hängt von den partiellen Drücken ∇p, von den viskosen Kräften $\eta \nabla^2 u$ und von f, der die Volumenkräfte beschreibt, ab. Für die Berechnung der Strömungsgeschwindigkeit u aus Gl. 2.1 muss die Massenerhaltung, die in Gl. 2.2 aufgeführt ist, und die Haftungsbedingung, die besagt, dass die Geschwindigkeit auf Grund der Haftung der Flüssigkeit an der Kanalwand null ist, berücksichtigt werden.

$$\frac{\partial \rho}{\partial t} + \nabla(\rho u) = 0 \tag{2.2}$$

Unter der Annahme, dass nur inkompressible Medien wie Wasser mit nahezu konstanter Dichte betrachtet werden, verkürzt sich der Massenerhaltungsterm aus Gl. 2.2 zu

$$\nabla u = 0 \tag{2.3}$$

den es zu lösen gilt.

Für den Volumenstrom Q, der sich aus der Strömungsgeschwindigkeit u und dem Kanalquerschnitt A mit definierter Kanalbreite w, Kanalhöhe h und den geometrischen Ausdruck $O\left(\frac{h}{w}\right)$ zusammensetzt, ergibt sich aus Gl. 2.3 abgeleitet folgender Ausdruck:

$$\begin{aligned} Q &= u \cdot A \\ &= \frac{wh^3 \Delta p}{12\mu L}\left[1 - O\left(\frac{h}{w}\right)\right] \end{aligned} \tag{2.4}$$

Bei einem rechteckigen Kanalquerschnitt verändert sich der geometrische Ausdruck $O\left(\frac{h}{w}\right)$ aus Gl. 2.4 zu

$$O\left(\frac{h}{w}\right) = \frac{6 \cdot (2^5)h}{\pi^5 w} \tag{2.5}$$

Bei derartig kleinen Kanaldimensionen, die im deutlichen Gegensatz zu makroskopischen fluidischen Systemen stehen, wird das Strömungsverhalten eines Fluids von den Grenzflächeneffekten dominiert. Durch Änderungen der Grenzflächenspannung γ entlang einer Oberfläche aufgrund thermischer Gradienten oder Konzentrationsgradienten können diese Grenzflächeneffekte homogenisiert werden. Diesen Effekt nennt man Marangoniströmung. Weitaus schwerer jedoch wiegt der Einfluss der Kapillarität in mikrofluidischen Systemen. Kapillarkräfte sind für das Steigen oder Fallen einer Flüssigkeit in einem dünnen Spalt verantwortlich. Sie sind vom Laplacedruck und den Van-der-Waals-Kräften im System abhängig. Der Wettstreit der viskosen Kräfte und der Kapillarkräfte um die Vormacht kann gezielt zur Kontrolle des Flüssigkeitsstroms bzw. zur Tröpfchengenerierung und zur Tröpfchenbewegung ausgenutzt werden.

2.2 Tröpfchenfluidik: Mehrphasenströmungen

Die wissenschaftliche Untersuchung von Emulsionen (Tröpfchen einer Flüssigkeit, die in einer zweiten nicht mischbaren Flüssigkeit dispergiert werden) hat 1879 mit der wissenschaftlichen Untersuchung durch *Rayleigh* begonnen [33, 34]. Er untersuchte, wie ein Flüssigkeitsstrahl, der auf einen anderen Flüssigkeitsstrom gelenkt wird, abreißt. *Taylor* lieferte 1934 die dafür notwendigen Parameter, um kontrolliert und stabil Tröpfchen zu bilden.

Eine wichtige Kennzahl bei der Tröpfchenbildung in Zweiphasen- wie auch in Mehrphasensystemen ist die Kapillarzahl Ca. Sie beschreibt das Verhältnis von viskosen Kräften ηu zu den Grenzflächenkräften γ. Diese Kennzahl ist systemabhängig und muss experimentell bestimmt werden. Zudem wird die Kapillarzahl Ca von der Tröpfchengröße, d.h. dem Radius R beeinflusst. Diese Größe ist entscheidend für die Herstellung von monodispersen Tröpfchen und wird im Ausdruck 2.6 verdeutlicht:

$$\begin{aligned} R &= \frac{\gamma h}{\eta u} \\ &= \frac{h}{Ca} \\ \Rightarrow Ca &= \frac{\eta u}{\gamma} \end{aligned} \tag{2.6}$$

Durch Umstellung der Gleichung für die Kapillarzahl Ca kann gezeigt werden, dass der Tröpfchenabriss darüber hinaus vom hydrostatischen Druck des Systems abängt. Dies wird durch die Bondzahl verdeutlicht. Die Bondzahl B beschreibt das Verhältnis vom hydrostatischen Druck $\Delta\rho g h^2$ zu der Grenzflächenspannung γ.

$$B = \frac{\Delta\rho g h^2}{\gamma} \tag{2.7}$$

Das bedeutet, dass der Tröpfchenabriss im Kanal sowohl von den viskosen Kräften als auch vom hydrostatischen Druck, der im Kanal herrscht, abhängt.

2.2.1 Tröpfchenbildung

Der Tröpfchenabriss in einem mikrofluidischen Zwei-Phasen-System kann auf zwei Arten erfolgen:

- An einer T-Kreuzung: Zwei senkrecht zueinander liegende Mikrokanäle, die zwei nicht mischbare Flüssigkeiten fördern, treffen sich an einer T-Kreuzung. Die disperse Phase wird aufgrund von Scherkräften, die durch die senkrecht zur dispersen Phase strömende kontinuierliche Phase resultieren, in Tröpfchen abgerissen. Wenn ein Tröpfchen abreißt, dominieren die viskosen Kräfte über die Grenzflächenkräfte, die versuchen den Fluidstrom zusammen zu halten. Die Tröpfchengröße wird durch das Verhältnis der Strömungsgeschwindigkeiten der dispersen und der kontinuierlichen Phase bestimmt.

- An einem Flow-Focusing-Device: Ein Flüssigkeitsstrom der dispersen Phase wird vor einer Düse von zwei senkrecht flankierenden Strömen zentriert in die Düse befördert, wo der Flüssigkeitsstrahl der dispersen Phase auf Grund der Rayleigh-Plateau-Instabilität in Tröpfchen abreißt. Abhängig von der Düsengeometrie kann der Tröpfchenabriss in oder nach der Düse erfolgen. Im Gegensatz zum Tröpfchenabriss an einer T-Kreuzung kommt es in diesem Fall zum Wettstreit von Druckkräften und viskosen Kräften. Die Grenzflächenkräfte spielen hier keine Rolle, weder bei kleinen noch bei großen Reynoldszahlen.

Sowohl im Falle des Tröpfchenabrisses an einer T-Kreuzung, als auch in einem Flow-Focusing-Device ist der Tröpfchenabrissvorgang durch Netzmittel oder durch die mechanisch geometrische Veränderung der Oberflächentopographie zur gezielten Benetzung der Oberfläche beeinflussbar. Je nachdem, ob eine Öl-in-Wasser- oder eine Wasser-in-Öl-Emulsion vorliegt, muss der Kanal eine hydrophile oder eine hydrophobe Kanaloberflächenstruktur aufweisen, damit die kontinuierliche Phase die Kanalwand vollständig benetzen kann. Das veränderte Benetzungsverhalten durch mechanisch geformte Oberflächenstrukturen wird in Kap. 2.3.2 ausführlich behandelt.

Netzmittel ändern durch ihren amphophilen Charakter den Kontaktwinkel einer flüssigen Phase auf einer festen Oberfläche, oder es senkt die Grenzflächenenergie zwischen zwei Flüssigkeiten herab. Wie stark der Kontaktwinkel verändert, oder die Grenzflächenenergie zwischen zwei Flüssigkeiten herabgesetzt wird, hängt von der Konzentration und dem Typ des Netzmittels ab.

2.2.2 Tröpfchenbewegung

Bei Eintritt der Flüssigkeit in den Kanal sind die Kapillarkräfte die treibende Kraft. Für das Fortschreiten des Flüssigkeitsstroms muss gelten, dass die Grenzflächenenergie γ_{SL} zwischen Festkörper und Flüssigkeit niedriger als die Grenzflächenenergie γ_{SG} zwischen Festkörper und Gas ist. Nur die Flüssigkeitsfront steht im Kontakt mit dem im Kanal befindlichen Gas und bildet je nach Benetzungszustands des Kanals mit der Flüssigkeit einen typisch geformten Meniskus aus, der durch den Laplacedruck Δp, wie folgt, geformt wird:

$$\Delta p \propto \frac{\Delta \gamma}{w}$$
$$= \frac{\gamma_{SL} - \gamma_{SG}}{w} \tag{2.8}$$

Der Kapillardruck treibt den Flüssigkeitsstrom der Länge z in den Kanal und bildet ein Poisseuilleströmungsprofil aus. Die Geschwindigkeit u des Flüssigkeitsstroms beträgt

$$u \propto \frac{\Delta p w^2}{\eta z}$$
$$\propto \frac{\Delta \gamma w}{\eta z} \tag{2.9}$$

Die Dynamik des Stroms wird durch den Kapillardruck bestimmt. Mit vorwärts schreitender Front nimmt die Geschwindigkeit u des Flüssigkeitsstroms mit der Washburn-Gleichung gemäß

$$z \propto \sqrt{\frac{\Delta \gamma w t}{\eta}} \tag{2.10}$$

ab. Die durch die Benetzung gewonnene Energie geht durch die viskosen Kräfte verloren und wird in die Flüssigkeit abgegeben. Nachdem die Flüssigkeiten, also die disperse und die kontinuierliche Phase, die Kanalstrukturen vollständig ausgefüllt haben, können Tröpfchen nach den im obigen Abschnitt erklärten Verfahren gebildet werden. Die Tröpfchenbewegung wird demzufolge, genau wie bei herkömmlichen Flüssigkeiten, im Wesentlichen von Kapillarkräften getrieben. Oberflächeneigenschaften und damit verbunden deren Grenzflächenenergien beeinflussen maßgeblich das Fließverhalten des Mediums bzw. die Tröpfchenbewegung (s. Gl. 2.8). Es stellt sich ein Gleichgewicht zwischen Kapillarkräften und viskosen Kräften ein, bei dem Kapillarenergie freigegeben wird.

$$\frac{\eta u}{\gamma} = Ca = \frac{w}{L} \tag{2.11}$$

Aus Gl. 2.11 ergibt sich für die Geschwindigkeit u eines Tröpfchens folgender Ausdruck:

$$u = \frac{\Delta \gamma w}{\eta L} \tag{2.12}$$

Ist der Tröpfchenradius R klein gegenüber den Kanaldimensionen w und h, bewegt sich das Tröpfchen nahezu mit lokaler Strömungsgeschwindigkeit. In den meisten Fällen allerdings ist der Tröpfchenradius R gleich groß wie die Kanalbreite w. Dies hat zur Folge, dass die Tröpfchengeschwindigkeit durch Grenzflächeneffekte abnimmt. Dabei trennt entweder ein dünner Benetzungsfilm das Tröpfchen von der Kanalwand, oder die Flüssigkeit benetzt partiell die Kanalwand. Im ersten Fall bewegt sich das Tröpfchen ein wenig schneller als die kontinuierliche Phase und ist durch eine Gleitbewegung charakterisiert. In diesem Fall sind zylindrische Kanalquerschnitte zu bevorzugen, da sich in rechteckigen Kanalquerschnitten kein uniformer Benetzungsfilm ausbildet, weshalb das Tröpfchen der kontinuierlichen Phasengeschwindigkeit hinterher läuft. Im zweiten Fall stellt sich zwischen der Kanalwand und dem Tröpfchen ein finiter Kontaktwinkel ein. Die Tröpfchenbewegung erfolgt über den Kapillardruck. Diese Form der Bewegung wird durch die Ausbildung einer neuen Grenzfläche am vorderen Tröpfchenende und des gleichzeitigen Schwunds der Grenzflächen am hinteren Tröpfchenende verursacht [18].

2.2.3 Tröpfchensortierung

Für die reproduzierbare Untersuchung biologischer oder chemischer Prozesse ist es in vielen Fällen notwendig, die generierten Tröpfchen nach Größe und Form zu sortieren. Für Zwei-Phasen-Systeme ergeben sich vier Möglichkeiten der Sortierung, die sich durch aktive Steuerung und Manipulation der Tröpfchen oder durch passive Sortierung voneinander unterscheiden:

Aktive Tröpfchensortierung über Elektroden [35–38]

Entlang eines mikrofluidischen Kanalabschnitts werden zwei exakt parallel Elektrodenpaare mit unterschiedlichen Funktionen angeordnet. Passiert ein Wassertröpfchen ein Elektrodenpaar, das die Tröpfchengröße, -form oder -komposition bestimmt, verändert sich die Kapazität zwischen den Elektroden aufgrund der vom Öl abweichenden Dielektrizitätskonstante. Je größer das Tröpfchen ist, desto höher ist der Kapazitätsunterschied. Mit Hilfe dieses Funktionsprinzips lassen sich diese Größen indirekt aber präzise bestimmen. Alternativ zu der Größen- und Formbestimmung durch kapazitive Messungen, können diese Größen auch durch Laser- oder Fluoreszenzanalyse bestimmt werden. Das zweite Elektrodenpaar, das an einem Tochterkanal sitzt, führt die Tröpfchensortierung aus. Je nach Polarisation der Elektroden wird das zu sortierende Tröpfchen angezogen oder abgestoßen und in den einen oder den anderen Kanal gezogen.

Aktive Tröpfchensortierung durch lasergesteuerte Grenzflächenblockierung [39, 40]

Wie bereits bei den elektrodengesteuerten Sortierungssystemen erörtert, wird für die Bestimmung der Größe- bzw. der Form ein Laser oder ein Elektrodenpaar eingesetzt. Nach deren Ermittlung, bewegen sich die Tröpfchen auf eine Verzweigung zu. Ein an dieser mikrofluidischen Verzweigung angebrachter Laser blockiert die Wasser-Öl-Grenzfläche an einer Seite, während die andere Seite des Tröpfchens weiter fließt. Während der Laser aktiv das Tröpfchen beeinflusst, nimmt es eine kreisförmige Gestalt an und verliert zu einer Seite des Kanals den Kontakt, so dass Öl vorbei fließen kann. Dieser Ölfluss verhindert, dass das Tröpfchen in zwei Tochtertröpfchen abreißt.

Passive Tröpfchensortierung über Kanalgeometrieänderung [41, 42]

Im Gegensatz zu den beiden ersten Verfahren, bei denen Elektroden oder Laser aktiv in das System eingreifen, um die Tröpfchen nach Größe und Form zu sortieren, werden sie bei den passiven Verfahren über Änderung der Kanalgeometrie sortiert. Die dominierenden Mechanismen bei dieser Form der Sortierung sind die auf den Tröpfchen wirkenden Scherkräfteverhältnisse, die direkt proportional zu den Flussratenverhältnissen und umgekehrt proportional zu den Kanaldurchmessern im Quadrat sind. Die Kanaldurchmesserverhältnisse sind abhängig von der Tröpfchengröße: Ein großes Tröpfchen benötigt eine hohe Strömungsgeschwindigkeit, weshalb der Kanal, in den es wandern soll, entweder sehr kurz oder sehr schmal sein muss. Ein kleines Tröpfchen hingegen bedarf einer niedrigeren Strömungsgeschwindigkeit, um mitgerissen zu werden. Dies wird durch einen langen oder einen sehr breiten Kanal realisiert. Die dabei auf die Tröpfchenoberfläche wirkende Widerstandskraft F_h gegen die Strömungsgeschwindigkeit ist abhängig von der Viskosität η, dem Radius R des Tröpfchens und der Geschwindigkeit u der kontinuierlichen Phase.

$$F_h = 6\pi\eta Ru \tag{2.13}$$

Passive Tröpfchensortierung durch Sedimentation von Tröpfchen [43]

Dieses Sortierungsprinzip wurde ursprünglich in der Partikelsortierung angewendet und wurde auf die Tröpfchensortierung übertragen. Zunächst werden die Tröpfchen hydrodynamisch in einem Mikrokanal, der parallel zur Schwerkraft liegt, fokussiert. Danach treten die Tröpfchen in einen Kanal, der senkrecht zur Schwerkraft liegt, ein. In diesem werden sie aufgrund ihrer unterschiedlichen Größe und Masse sortiert. Die großen Tröpfchen erfahren eine höhere Geschwindigkeit, wodurch sich ein Positionsunterschied zu den kleineren Tröpfchen ergibt, sedimentieren und fließen in den unteren Tochterkanal einer asymmetrisch verlaufenden Verzweigung.

Für alle vier Tröpfchensortierungsmechanismen gibt es bislang keine allgemeingültigen Gesetzmäßigkeiten. Sie basieren lediglich auf phänomenologischen Berechnungen, die auch nur auf bestimmte Designs anwendbar sind. Demzufolge ist es notwendig, Experimente, mit denen geeignete Parameter und ein passendes Design gefunden werden, durchzuführen, um Tröpfchen erfolgreich zu sortieren.

Im Rahmen dieser Arbeit [44] wurden die grundlegenden Mechanismen für die passive Sortierung durch Kanalgeometrieänderung erforscht, um die Größe des Einflusses der einzelnen Parameter zu bestimmen. Die Berechnungen beruhen auf dem Modell von A. P. Lee [42]. Das Modell stützt sich auf das Massenerhaltungssatz und die Bernoulligleichung an einer T-Kreuzung, woraus sich folgende Zusammenhänge zwischen den Flussraten v_1, v_2, den Querschnitten A_1, A_2 mit $A = w \cdot h$ und den hydrodynamischen Kräften F_{H1}, F_{H2} in den jeweiligen Tochterkanälen 1 und 2 an der Sortierungsstelle ergeben:

$$\frac{F_{H1}}{F_{H2}} = \frac{Q_1}{Q_2} = (\frac{w_2}{w_1})^2 \tag{2.14}$$

Ist der Durchmesser w_2 des Tochterkanals 2 doppelt so groß wie der Durchmesser w_1 des Tochterkanals 1, steigt die hydrodynamische Kraft F_{H1} im Tochterkanal 1 um das Vierfache zu der hydrodynamischen Kraft im Tochterkanal an. Dabei nimmt die Flussrate im Tochterkanal 1 um das Vierfache im Vergleich zu der Flussrate im Tochterkanal 2 zu. Anhand dieser Abhängigkeiten ist ein Tröpfchensortierungskonzept an einer T-Kreuzung (s. Abb. 2.1) erarbeitet worden. Das Konzept sieht wie folgt aus: Zwei Tochterkanäle werden derart zueinander versetzt, dass die kleinen Tröpfchen zuerst auf den breiteren Kanal mit den niedrigeren Kräften treffen und von dessen Strömung ergriffen

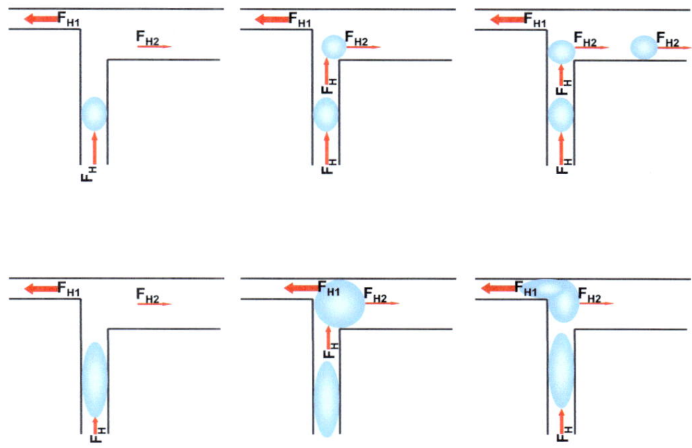

Abb. 2.1: Schematische Darstellung des Tröpfchensortierungskonzeptes mit zueinander versetzten Tochterkanälen unterschiedlichen Durchmessers.

werden. Die großen Tröpfchen hingegen wandern weiter in den Sortierungsbereich, um von dem schmaleren Tochterkanal mit der höheren Kraft mitgerissen zu werden.

2.3 Benetzungsphänomene

Im vorigen Kapitel wurde mehrfach auf den Einfluss des Benetzungsverhaltens der Kanalwände hingewiesen. Es beeinflusst maßgeblich das Strömungsverhalten der Flüssigkeit.

In diesem Kapitel werden einige Grundbegriffe, die dem besseren Verständnis für die Benetzungstheorien dienen, eingeführt [45]. Sie werden am Beispiel eines Wassertröpfchens auf einer festen Oberflächen erklärt.

- *Grenz- und Oberflächen*

  Mikroskopisch betrachtet bestehen Grenz- und Oberflächen aus einem komplexen Zusammenspiel von ionischen Wechselwirkungen, Wasserstoffbrückenbindungen oder Van-der-Waals-Kräften. Der Wechselwirkungstyp hängt von der chemischen

Zusammensetzung und dem Aggregatzustand der Grenz- und Oberflächen ab. Wird das Beispiel vom Wassertröpfchen aufgegriffen, so verhalten sich die Oberflächenmoleküle des Wassertröpfchens anders, wenn es von einem gasförmigen oder einem festen Medium umgeben ist. Im Falle des Wassertröpfchens, das von einem gasförmigen Medium umgeben ist, kommt es an der Tröpfchenoberfläche abhängig von der Teilchendichte des Gases zu Wechselwirkungen. Sie führen dazu, dass eine Kraft, die ins Innere gerichtet ist, angreift, die als Kohäsionskraft bezeichnet wird. Liegt das Tröpfchen im thermodynamischen Gleichgewicht seines kleinstmöglichen Energiezustandes vor, so wird es versuchen die Form einer Kugel, die die kleinste Oberfläche besitzt, einzunehmen. Wenn das Tröpfchen auf einer Festkörperoberfläche aufliegt, sind die Wechselwirkungen davon abhängig, ob der Festkörper vorwiegend aus polaren Gruppen oder aus unpolaren Gruppen besteht.

- *Oberflächenenergie*
Die Betrachtung der Oberflächenenergie ist abhängig vom zu untersuchenden Medium. Im Falles eines flüssigen Mediums wird die Oberflächenenergie als Arbeit ΔW, die verrichtet werden muss, um die Oberfläche ΔA des flüssigen Mediums zu vergrößern, betrachtet. Gleichzeitig wird die ins Flüssigkeitsinnere gerichtete Kraft kompensiert. Diese Gegebenheit ist in Gl. 2.15 dargestellt, wobei der Proportionalitätsfaktor v die spezifische Oberflächenenergie beschreibt. Maßgeblichen Einfluß auf den Betrag von v nehmen intermolekulare Bindungen, die Oberflächenatomdichte, der Dampfdruck und die Flüssigkeitszusammensetzung. Im Falle von Feststoffen erhöht sich die spezifische Oberflächenenergie v um 10 bis 100 Größenordnungen, da die chemischen Bindungen des vorliegenden Stoffes gebrochen werden müssen. Dies führt dazu, dass der Arbeitsaufwand ΔW sehr viel höher wird. Mit anderen Worten, abhängig von der Bindungsart (metallisch, ionisch, kovalent) sind die Beträge von v höher oder niedriger.

$$\Delta W = \Delta A \cdot v \qquad (2.15)$$

- *Oberflächenspannung/Grenzflächenspannung*
Für die Definition der Oberflächenspannung, wird nochmals das Beispiel vom Wassertröpfchen heran gezogen. Seine typische Form erhält das Wassertröpfchen durch Spannung, die sich an der Grenzfläche des Tröpfchens aufbaut. Dabei wirken

Abb. 2.2: Schematische Darstellung der Oberflächenspannung.

von der Tröpfchenoberfläche aus betrachtet eine senkrecht ins Flüssigkeitsinnere
gerichtete Kraft (s. Abb. 2.2), die die Oberflächenmoleküle tangential zur Oberfläche verschiebt und die Spannung aufbaut. Kurzum, die Oberflächenspannung wird
als die makroskopische Summe aller molekularen Wechselwirkungen innerhalb einer flüssig-gasförmigen Grenzfläche definiert. Die Wechselwirkung zwischen einzelnen Molekülen erfolgt sowohl an den Grenzflächen verschiedener Flüssigkeiten
als auch an den Grenzflächen von Festkörpern und Flüssigkeiten, weshalb dieser
Spannungsaufbau als Grenzflächenspannung bekannt ist.

Grenzflächenenergien und Grenzflächenspannungen spielen eine wesentliche Rolle bei
der Benetzung von Flüssigkeiten auf festen Oberflächen. Abhängig vom Betrag der
Energie oder der Spannung tritt eine totale oder eine partielle Benetzung auf. Benetzt
eine Flüssigkeit total die Oberfläche, dominieren die Adhäsionskräfte zwischen Oberfläche und Flüssigkeit über die Kohäsionskräfte innerhalb der Flüssigkeit. Mit anderen
Worten: Die Summe der Grenzflächenspannungen zwischen Festkörper und Gas bei einer totalen Benetzung ist größer als die Grenzflächenspannung zwischen Festkörper und

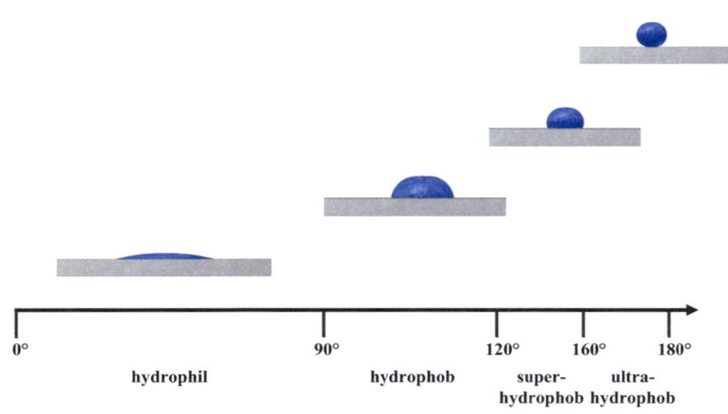

Abb. 2.3: Einteilung der Benetzungszustände in Abhängigkeit vom Kontaktwinkel

Flüssigkeit. Bei der partiellen Benetzung hingegen überwiegen die Kohäsionskräfte innerhalb der Flüssigkeit die Adhäsionskräfte zwischen Flüssigkeit und Oberfläche. Es bildet sich ein Tröpfchen aus. Der Winkel, der sich zwischen Tröpfchen und Oberfläche am Dreiphasenkontaktpunkt ausbidet, wird durch den Kontaktwinkel θ, der sich je nach Benetzungstheorie unterschiedlich zusammensetzt, beschrieben. Eine Einteilung der verschiedenen Benetzungszustände, die in Abhängigkeit vom Kontaktwinkel dargestellt sind, wird in Abb. 2.3 dargestellt.

2.3.1 Benetzungstheorien

Kontaktwinkel Θ nach Young berechnet

Die erste Theorie, die den Zusammenhang zwischen den einzelnen Kräften und den damit verbundenen Energien bei der Bildung eines totalen oder partiellen Benetzungszustandes beschrieb, wurde 1805 von *Young* aufgestellt [46]. Er führte zur Quantifizierung den Kontaktwinkel Θ (s. Abb. 2.4a) ein, der sich wie folgt zusammensetzt:

$$\cos\Theta_Y = \frac{\gamma_{SG} - \gamma_{SL}}{\gamma_{LG}} \tag{2.16}$$

Wobei γ_{SG}, γ_{SL}, γ_{LG} jeweils die Grenzflächenenergien zwischen Festkörper und Gas, Festkörper und Flüssigkeit und Flüssigkeit und Gas beschreiben. Für die Kontaktwinkelberechnung nach der Methode von *Young* dürfen nur feste, homogene, optisch glatte (d.h. Rauheiten kleiner als 0,1 μm) und ebene Oberflächen für die Untersuchungen verwendet werden. Dies trifft in den meisten Fällen allerdings nicht zu, so dass sich eine, nachfolgend formulierte, Erweiterung zu der Theorie von *Young* ergeben hat.

Wenzelsches Gesetz

1936 erweiterte *Wenzel* die Gl. 2.16 zur Beschreibung des Kontaktwinkels durch Hinzufügen des Faktors r_w, der den Einfluss der Oberflächenrauheit beschreibt [47]. Daraus ergibt sich folgender Ausdruck für den Kontaktwinkel:

$$\cos\Theta_W = r_w \cos\Theta_Y \tag{2.17}$$

Der Faktor r_w setzt sich aus dem Verhältnis aus der wahren Oberfläche A_w, d.h. die Fläche, die vom Tröpfchen benetzt wird, zu der geometrischen Oberfläche A_g zusammen. Allerdings sind bestimmte Phänomene, die bei superhydrophoben Oberflächen eine wichtige Rolle spielen, mit diesem Ansatz nicht erklärbar. Das Abrollen eines Tröpfchens auf einer rauen oder geometrisch aufgerauten Oberfläche ist mit dieser Theorie nicht erklärbar, da sie annimmt, dass das Tröpfchen die Zwischenräume ausfüllt (s. Abb. 2.4b) und kaum Kontakt zur geometrischen Oberfläche hat. Es resultieren große Kontaktwinkelhysteresen, weshalb dynamische Tröpfchenvorgänge mit diesem Ansatz nicht erklärbar sind. Kontakwinkelhysteresen beschreiben die Differenz aus dem Kontaktwinkel, der am vorderen Ende und am hinteren Ende des Tröpfchens gemessen wird. Im Falle superhydrophober Oberflächen muss die Kontaktwinkelhysterese kleiner 0,2 sein.

Theoriemodell von Cassie und Baxter

Cassie und Baxter gingen von einer anderen Hypothese aus, als sie 1944 die Cassie-Baxter-Theorie aufstellten. Nach diesem Modell wird angenomen, dass im Falle superhydrophober oder ultrahydrophober Oberflächen das Tröpfchen auf den Rauheitsspitzen aufliegt und sich in den Kavitäten zwischen den Rauheiten Luftpolster befinden

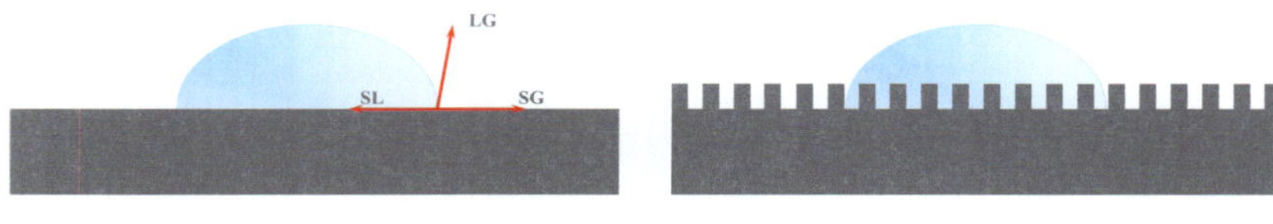

(a) Theoriemodell nach *Young*

(b) Theoriemodell nach *Wenzel*

(c) Theoriemodell nach *Cassie* und *Baxter*

Abb. 2.4: Benetzungsphänomene nach den Theoriemodellen von *Young*, *Wenzel* und *Cassie* und *Baxter*

(s. Abb. 2.4c). Daraus folgt, dass das Tröpfchen auf einer heterogenen Oberfläche aufliegt (s. Gl. 2.18)

$$\cos\Theta_{CB} = f_1\cos\Theta_1 + f_2\cos\Theta2 \tag{2.18}$$

mit der Bedingung, dass die Flächenanteile $f_1 + f_2 = 1$ ergeben. Doch selbst der Ansatz von *Cassie* und *Baxter* beschreibt nicht ausreichend das Verhalten der Kontaktwinkelhysterese. In den letzten Jahren begannen verstärkt wissenschaftliche Untersuchungen zu Benetzungsphänomenen, um u. a. die Kontaktwinkelhysterese oder den Übergang vom Cassie-Baxter-Zustand des Tröpfchens zum Wenzelzustand zu erklären. Letzterem widmeten vor allem *Bico* [48], *Patankar* [49] und *Shastry* [50] ihre Forschung. Sie fanden unabhängig voneinander heraus, dass für den Übergang von einem Zustand in den anderen ein gewisser Energiebeitrag für die Aktivierung nötig ist. Der Energiebeitrag kann durch das Eigengewicht des Tröpfchens, durch Druck oder Schwingungen, durch die kinetische Energie beim Auftreffen des Tröpfchens auf die Oberfläche oder durch die geometrischen Dimensionen der Strukturen auf den Oberflächen geleistet werden [51].

2.3.2 Geometrisch periodische und stochastisch verteilte Strukturen

Parallel zu den Arbeiten Modelle und Gesetze für superhydrophobe Oberflächen zu erstellen, wird an der Entwicklung von Herstellverfahren für superhydrophobe Oberflächen gearbeitet. Die Fertigungsmethoden für superhydrophobe Oberflächen unterscheiden sich nach stochastisch verteilten Strukturen und nach geometrisch periodischen Strukturgittern [49, 52–57].

Geometrisch periodische Strukturen

Bei geometrisch periodischen Strukturen handelt es sich um geometrische Muster, die aus einer definierten Anzahl von Grundelementen, die sich periodisch wiederholen, bestehen. Aus der Literatur bekannte Muster, auf deren Oberfläche das Benetzungsverhalten untersucht wird, sind:

- quadratische Säulen [56],

- Wabenstrukturen [48],

- zylindrische Löcher in hexagonaler Matrix [58],

- zylindrische Säulen in rechteckiger oder hexagonaler Matrix [59],

- „Lines and Spaces" [48, 58],

- Sägezahnstrukturen [60],

- Spikes [61],

- sternförmige und rhombische Säulen in einer Matrix [56].

Der Benetzungsgrad ist abhängig von der Strukturgröße und den Strukrurabständen, wodurch sich das Design der Strukturen vereinfacht, da es nur zwei veränderliche Parameter gibt. Verringert sich bei gleichbleibendem Strukturabstand die Strukturgröße, verringert sich somit die Aufflagefläche für den Tröpfchen und der Zwischenraum wird mit Luft gefüllt. Wird umgekehrt bei gleichbleibender Strukturgröße der Strukturabstand vergrößert, führt das zu dem selben Ergebnis wie im ersten Fall.

1. Für die Fertigung dieser Strukturen, braucht es Werkzeuge, die meist lithografisch hergestellt werden. Sie werden verwendet, um Replikationen der Masterstrukturen anzufertigen. Gängige Replikationsverfahren sind das Nanoimprint und das Heißprägen.

2. Neben den lithografischen Verfahren werden die geometrisch Strukturen durch nasschemische Ätzverfahren hergestellt. Es erfordert Ätzmasken, um die Strukturen zu erzeugen. Die geätzten Strukturen werden anschließend direkt oder als Masterstrukturen für die Replikation verwendet.

3. Ein anderer Ansatz ist, geometrisch periodische Strukturen durch Biomoleküle zu erzeugen. Hierbei werden bestimmte Proteine oder andere Biomoleküle, die die Fähigkeit besitzen, auf Oberflächen sich selbst in geometrischen Mustern anzuordnen, in Lösung gegeben und die Probe in die wässrige Lösung eingetaucht. Mit dieser Methode können ein bis zehn Monolagen aus superhydrophoben Biomolekülen, von denen einige Spezies durch ihre kovalenten Bindungskräfte zur Oberfläche resistent gegenüber Lösungsmitteln und Alkoholen sind, erzeugt werden.

Stochastisch verteilte Strukturen

Stochastisch verteilte Strukturen zeichnen sich durch unregelmäßige laterale und vertikale Strukturen ohne Periodizität aus. Für die Herstellung dieser Strukturen, sind ebenfalls Ätzverfahren geeignet. Durch den Ätzprozess wird die Rauheit des Substrats erhöht, indem das Substrat auf kristalliner Ebene oder kleiner unterschiedlich stark angegriffen bzw. abgetragen wird. Die Ätzrate hängt sowohl von den verschiedenen Kristalllebenen oder der Matrix, in der die Kristalle eingebettet sind, als auch vom Ätzmedium ab. Stochastisch verteilte Strukturen mit superhydrophoben Oberflächeneigenschaften können mittels Plasmaätzen [62], Sauerstoffätzen [63] oder der Kombination aus Fotolithografie und Ätzverfahren [64] erzeugt werden. Aber auch Pflanzen, die ähnlich gute wasser- und schmutzabweisende Eigenschaften wie die Lotuspflanze besitzen, werden verwendet, um superhydrophobe Oberflächen zu erzeugen. Dazu werden die für die wasserabweisenden Eigenschaften der Pflanze verantwortlichen Wachsmoleküle der Pflanze synthetisch [54, 57] hergestellt und auf die Oberfläche aufgebracht.Chemisch betrachtet, eignen sich selbstorganisierende anorganische Moleküle mit amphiphilen Charakter. Beispiele hierfür sind Fluoralkylsilane [65] und Alkylthiol-Verbindungen.

Die Benetzungszustände werden in den meisten Fällen auf planen super- bzw. ultrahydrophoben Oberflächen untersucht. Seltener werden diese Untersuchungen in mikrofluidischen Systemen selbst durchgeführt.

2.4 Superhydrophobe Oberflächen in mikrofluidischen Systemen

Physikalisch modifizierte, mikrofluidische Systeme zu konzipieren und umzusetzen, kam mit dem Enhanced Mixing und Dispersionsproblem in mikrofluidischen Kanälen auf. Die Integration von physikalisch strukturierten Kanalböden oder Kanaldeckel verringert die Mischweglänge und die Mischzeit, indem diese Strukturen überlagerte Strömungen erzeugen [66, 67].

Die Erkenntnisse über physikalisch modifizierte, mikrofluidische Systeme aus dem Mischerbereich wurden für Zelluntersuchungen angewendet, als die Nachfrage nach komplexeren und verbesserten strukturellen Funktionalitäten von mikrofluidischen Systemen stieg [68]. Kombiniert mit mechanischen Funktionsprinizpien, die nachfolgend erläutert werden, erfolgen mit diesen Systemen einzelne Zellprozessuntersuchungen.

1. *Hydrodynamische Kräfte*

   Durch die Integration der physikalischen Strukturen in einen mikrofluidischen Kanal verändern sich das hydrodynamische Strömungsprofil und die hydrodynamischen Kräfte derart, dass Zellen nach Größe sortiert oder angereichert werden Diese Strukturen stellen Filterstrukturen, die sich auf dem Kanalboden befinden, dar. Dafür muss die Höhe der Strukturen in etwa der Kanalhöhe entsprechen. Die Kraft F_h, die dabei auf die Zelloberfläche entgegen der Strömung wirkt, ist abhängig von der Viskosität η des Fluids, dem Zellradius R und der Geschwindigkeit u des Fluids.

$$F_h = 6\pi\eta Ru \tag{2.19}$$

Da die Viskosität des Fluids für das gesamte System als konstant angenommen wird, können die Zellgeschwindigkeiten und die Zellgröße gesteuert und manipuliert werden. Jedoch besitzen diese Strukturen keinerlei superhydrophobe Eigenschaften.

2. *Sedimentation*

Eine einfache Methode Zellen zu manipulieren, ist, sie Gravitationskräften auszusetzen. Mikrokavitäten in Form von eingeprägten Strukturen innerhalb mikrofluidischer Plattformen helfen Zellen zu immobilisieren und sie scherfrei zu kultivieren. Von großem Nachteil ist, dass diese Methode nicht sehr effizient, die Reproduzierbarkeit nur sehr gering ist und auch hier die Strukturen keine wasserabweisenden Eigenschaften besitzen.

3. *Benetzungszustand*

Mikro- oder Nanostrukturen werden ferner verwendet, um die Oberflächenspannung bzw. den Benetzungszustand der Kanaloberfläche zu reduzieren. Gerade diese beiden mechanischen Funktionsprinzipien sind für die physischen Eigenschaften einer Zelle besonders wichtig. Je nach Strukturgeometrie, -größe und -abstand können sich zellabweisende, mit anderen Worten es treten superhydrophoben Oberflächeneigenschaften auf, oder zellanziehende Oberflächenzustände ergeben. Für den zellabweisenden Zustand ist nach der Theorie von *Cassie* und *Baxter*, die Strukturgeometrie so beschaffen, dass sich zwischen den Strukturen ein Luftpolster, das das Tröpfchen scheinbar auf der Oberflächen schweben lässt, ausbildet. Demzufolge müssen die Strukturpatterns dermaßen konzipert und umgesetzt werden, dass sie diese Bedingungen erfüllen. Bisher sind allerdings für diese Fälle nur Kanalboden oder Kanaldeckel strukturiert worden, weshalb bislang nur Untersuchungen von physikalisch modifizierten Strukturen in Kanalböden oder -deckel vorliegen [69].

4. *Zelladhäsion*

Zellanziehende Oberflächenstrukturen sind im Gegensatz dazu ausführlich untersucht worden. Die Mikro- oder Nanostrukturen auf dem Kanalboden steuern die Zelladhäsion, indem sie Änderungen ohne chemische Stimulation in der Zellmorphologie oder der Zellbeweglichkeit hervorrufen. Allein durch physikalische Stimulation über die Mikro- bzw. Nanostrukturen wird die Zellorganisation und deren Funktionalität beeinflusst. Dieses Phänomen ist als „Contact guidance" bekannt [70, 71]. Eine aufschlussreiche Arbeit auf diesem Gebiet hat *Chen* geleistet [72, 73]. In eine in-vitro-Untersuchungsplattform fügte *Chen* oberflächenmodifzierende Strukturen ein, um verschiedene dreidimensionale in-vivo-ECM-Umgebungen für Zellen zu schaffen. Da nicht nur das Zellwachstum und die Zellfunktionalitäten von Interesse sind, sondern auch die Untersuchung des Phänomens der Zellmigration, sind Gradientenstrukturen in mikrofludische Systeme integriert worden [74].

Für die Fertigung der integrierten Mikro- bzw. Nanostrukturen in einem mikrofluidischen System haben sich fünf Fertigungsverfahren etabliert (s. Abb. 2.5). Zunächst können für die Fertigung gängige Prozesse der Siliziummechanik wie Foto- oder UV-Lithografie sowie die konventionellen Abscheide- und Ätzverfahren angewendet werden. Die Kanäle werden entweder durch softlithografische Verfahren in PDMS gefertigt oder in Glas geätzt. Abschließend wird eine mikro- bzw. nanostrukturierte Schicht, die durch die oben erwähnten Verfahren erzeugt wurden, mit der mikrofluidischen Ebene gebondet, so dass ein abgeschlossenes Kanalsystem entsteht [75–77].

Eine weitere fertigungstechnische Methode ist, nur softlithografische Verfahren für die Fertigung der Kanäle und der Oberflächentopografie zu verwenden. Dabei werden entweder zwei unterschiedliche PDMS-Schichten, die eine mit den Oberflächenstrukturen und die andere mit dem Mikrokanal zueinander positioniert, gebondet [78–80]. Oder es werden PDMS-Kanäle mit integrierten physikalischen Strukturen, die durch Abformung eines mehrlagigen Masters erzeugt werden, mit einem ebenen Deckel aus PDMS oder Glas gebondet [81, 82].

Alternativ zu den beiden genannten Verfahren werden zunächst transparente Mikrokanäle aus geätztem Glas oder softlithografisch strukturiertem PDMS gefertigt. Diese Kanäle werden anschließend mit UV-lichtvernetzendem Hydrogel gefüllt und mittels einer Maske und UV-Licht strukturiert und entwickelt [83, 84].

Beim vierten Verfahren werden die Strukturen in Polymere wie PDMS, PMMA oder Hydrogel über Softlithografie eingeprägt. Dieses mikrostrukturierte Polymer wird mit

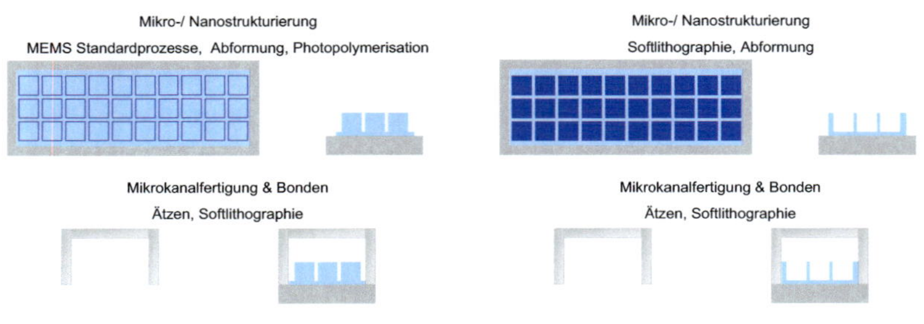

(a) Fertigungsprozess für die Zellkultivierung.   (b) Fertigungsprozess für die Zellimmobilisierung.

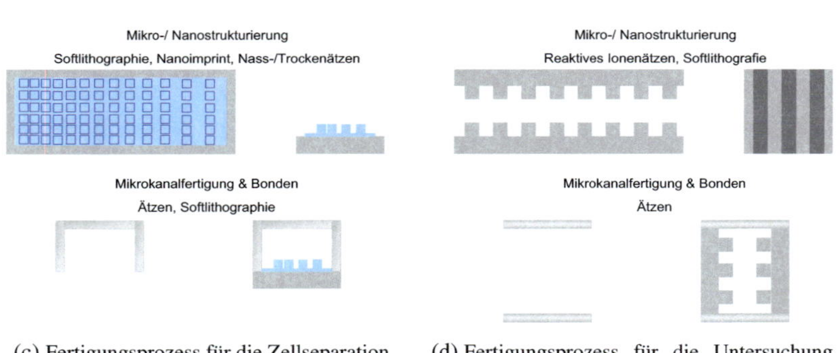

(c) Fertigungsprozess für die Zellseparation.   (d) Fertigungsprozess für die Untersuchung von Tröpfchen.

Abb. 2.5: Darstellung der Fertigungsprozesse für die Strukturierung von Kanalböden, -deckel und für die Seitenwände.

einem Mikrokanal aus PDMS zu einem abgeschlossenen Kanalsystem gefügt [85, 86]. Das letzte Verfahren bedient sich Nanoimprintverfahren, Softlithografie oder Reaktivem Ionenätzen, um Strukturen in Polymere oder Silizium zu formen, worauf anschließend ein Mikrokanal aus PDMS oder Glas gebondet wird [69].

Alle fünf Fertigungsverfahren beschränken sich, den Kanalboden und/oder die Kanaldecke zu strukturieren (s. Abb. 2.5). Eine dreidimensionale Strukturierung der Kanalwände ist mit diesen Methoden nicht möglich.

Als sich die Entwicklung von der klassischen Mikrofluidik zur Generierung und Handhabung diskreter Fluidvolumina abzeichnete, wurde versucht, die fertigungstechnischen

Erkenntnisse aus den Zelluntersuchungen auf die Tröpfchenfluidik zu übertragen. In der Tröpfchenfluidik ist es gleichermaßen notwendig, die Tröpfchen präzise in wasserabweisenden oder wasseranziehenden Kanalbereichen zu steuern und zu kontrollieren. Von besonderem Interesse ist die Gleitfähigkeit von Fluiden insbesondere von wässrigen Tröpfchen in Zwei-Phasen-Systemen und die Auswirkungen, die eine verminderte Adhäsion des Fluids an den Kanalwänden auf den Druckabfall in mikrofluidischen Systemen hat. Gerade in fluidischen Systemen, deren Abmessungen im Mikrometerbereich oder darunter liegen, überwiegen die Grenzflächeneffekte die strömungsmechanischen Parameter. Superhydrophobe Oberflächen in fluidischen Systemen sollen die hinderlichen Auswirkungen der Grenzflächeneffekte, zu denen die verstärkte Adhäsion an den Kanalwänden zählt, reduzieren, indem sie die Gleiteigenschaften von Flüssigkeiten derart verbessern, dass das Fluid partiell über der Kanaloberfläche schwebt. Das partielle Gleiten über die Kanaloberfläche wird durch die effektive Gleitlänge, welche die Länge, die ein Fluid an einer Wand entlang gleitet, beschreibt, ermittelt. Dies wurde sowohl experimentell als auch numerisch untersucht. *Choi* hat sowohl Nanosäulen, die er mittels der „Black-Silicon-Methode" generiert hat, als auch nanoskalige Linienpatterns, die er interferenzlithografisch in einen Resist strukturiert und mit Trockenätzverfahren in einen Siliziumwafer überführt hat, hinsichtlich der effektiven Gleitlänge in einem Mikrokanal untersucht [69, 87]. Für die Konzipierung der superhydrophoben Oberflächentopografie ist er nach dem Cassie-Baxter-Modell vorgegangen, da er annimmt, dass die effektive Gleitlänge der Flüssigkeiten im wesentlichen von den Luftpolstern zwischen den Strukturen beeinflusst wird. Hierbei war der Kanalboden als auch der Kanaldeckel strukturiert, während die Seitenwände unstrukturiert blieben. Mit einem Rheometersystem wurden Drehmomentmessungen mit Wasser und Glycerin in den mikrofluidischen Systemen durchgeführt. Dabei wurden effektive Gleitlängen von $20\,\mu m$ für Wasser und $50\,\mu m$ für Glycerin im Falle der Nanosäulen erreicht. Für die nanoskaligen Linienstrukturen, die sich in $3\,\mu m$ hohen Kanälen befinden, sind effektive Gleitlängen von $100\,nm$–$200\,nm$. Daraus folgt ein Druckverlust von $20\,\%$bis$30\,\%$. *Byun et al.* [88] und *Xu et al.* [89] haben ebenfalls Linienstrukturen in mikrofluidischen Kanälen untersucht. Allerdings sind diese Linienstrukturen in einem schon von Natur aus hydrophoben PDMS-Kanalsystem an den vertikalen Wänden angebracht. Kanalboden und Kanaldeckel sind unstrukturiert. Beide Mikrosysteme sind mit gängigen Softlithografieverfahren hergestellt worden. Bei *Byun et al.* konnten effektive Gleitlängen von $5\,\mu m$ mit Linienstrukturen im Mikrometerbereich gemessen werden. Auch sie erachten die in den Kavitäten befindlichen Luftpolster für das Gleiten der Flüssigkeit auf den Kanalwänden verantwortlich.

Zu einem ähnlichen Ergebnis sind *Mall et al.* durch numerische Simulation gekommen [90]. Dabei legen sie ihrem Modell die Cassie-Baxter-Theorie zugrunde mit den zusätzlich getroffenen Annahmen, dass die Flüssigkeitskrümmung zwischen den Strukturen konvex ist, atmosphärischer Luftdruck zwischen dem Flüssigkeitsmeniskus und der Festkörperoberfläche herrscht, die Form des Tröpfchens kreisförmig ist und das Gewicht des Tröpfchens gleichmäßig über die Kontaktfläche verteilt ist. *Dalton et al.* haben eindimensional strukturierte Siliziumkanäle experimetell im Rheometer auf ihre effektive Gleitlänge als auch numerisch untersucht [91, 92]. Hierfür sind geätzte rechteckige Säulen, Ziegelstein- und Wabenstrukturen wie auch Nanograsstrukturen betrachtet worden. Ihren Ergebnissen zufolge ist die effektive Gleitlänge einer Flüssigkeit direkt proportional zur Viskosität. Der Druckabfall hingegen ist nicht-linear abhängig vom Durchmesser der Strukturen. *Teo et al.* untersuchten numerisch den Einfluss der Reynoldszahl und das Verhältnis der Strukturbreite zur Kanalhöhe auf die effektive Gleitlänge [93]. Längslaufende und querverlaufende Gräben, Säulen und Löcher wurden als Modelle für die Berechnungen herangezogen. Die Strukturen befanden sich auf Kanalboden und Kanaldeckel, die Seitenwände blieben unstrukturiert. Sie fanden heraus, dass erstens mit relativer Strukturbreite Kanäle mit rechteckigen Säulen und längslaufenden Furchen höhere effektive Gleitlängen aufweisen, als Kanäle mit rechteckigen Löchern und querverlaufenden Gräben. Wird die relative Strukturbreite auf einen bestimmten Wert festgelegt, jedoch die Reynoldszahl erhöht, sinkt die effektive Gleitlänge bei Kanälen mit rechteckigen Löchern und Säulen als auch bei Kanälen mit querverlaufenden Gräben. Kanäle mit längslaufenden Furchen hingegen weisen bei steigender Reynoldszahl stets einen konstanten Wert auf. Wird der Einfluss von scherbehafteten Strömungen bei niedrigen Reynoldszahlen und einer kleinen relativen Strukturbreite auf die effektive Gleitlänge bezogen betrachtet, so ergibt sich, dass Kanäle mit rechteckigen Löchern und längslaufenden Gräben bessere Ergebnisse erzielen als Kanäle mit rechteckigen Säulen und querverlaufenden Gräben. Wird der Einfluss der Scherung weiter erhöht, schneiden Kanäle mit rechteckigen Löchern am besten ab. Weiterhin gelten die Skalierungsgesetze für die Stoke'schen Scherströmungen in superhydrophoben Kanälen unter druckbetriebenen Strömungsbedingungen. Jedoch steht dieser Forschungsbereich noch am Anfang [94].

In allen Fällen sind nur Kanäle mit jeweils zwei gegenüberliegenden strukturierten Kanälen (s. Abb. 2.5d) gefertigt und untersucht worden. Ist die Theorie von dem Gleiten der Flüssigkeit auf superhydrophoben Oberflächen nahezu verstanden, so bleibt weiterhin die Herausforderung solche Kanäle zu fertigen. *Luo et al.* berichten erstmals von dreidimensional strukturierten Kanälwänden [95]. Die rechteckigen Säulenstrukturen haben eine Größe von 10 μm und sind in einem hexagonalen Gitter angeordnet. Um dieses Strukturmuster in PDMS umzuformen, wurde ein Silizumsubstrat mit strukturierten und entwickelten SU8-Resist herangezogen, das als Master für das aufzuschleudernde PDMS dient. Anschließend wurde mit einem Aluminiumstempel in einem Heißprägeprozess der strukturierte PDMS-Film, der auf einer Polyethylenschicht lag, in einen Fluidikkanal umgeformt. Abschließend wurde eine mit einem strukturierten PDMS-Film beschichtete Glasplatte auf den Kanal gebondet. Die Strukturqualität blieb trotz des Heißprägeprozesses erhalten und beeinflusste den Kontaktwinkel von bis zu 145° nur unwesentlich.

Im Rahmen dieser Arbeit werden die vorgestellten Theorien und Fertigungsverfahren genutzt, um die Tröpfchengenerierung hinsichtlich der Monodispersität zu verbessern. Zielführend ist, die effektive Gleitlänge zu maximieren, so dass die Tröpfchen in dem Zwei-Phasen-System an der T-Kreuzung schnell abtransportiert werden und den Weg für die nachkommenden Tröpfchen freigeben. Somit werdeb sehr hohe Tröpfchenraten erzielt.

2.5 Polymerbasierte Fertigungsverfahren für mikrofluidische Systeme

Es wurden bereits in Kap. 2.4 verschiedene Fertigungsverfahren zur Erzeugung wasserabweisender Oberflächen vorgestellt. Da in dieser Arbeit superhydrophobe Oberflächen mit geometrisch periodischen Strukturen hergestellt werden, erfolgt eine Aufzählung geeigneter Fertigungsverfahren.

2.5.1 Lithografie

Lithografische Verfahren meistern zum einen die Herausforderung Strukturen, deren Dimensionen im Mikro- und Nanometerbereich liegen, herzustellen und zum anderen sind sie ein kostengünstiges Massenfertigungsverfahren für diese Strukturdimensionen [96]. Die Lithografie erlaubt, viele Strukturen auf einem Substrat zu erzeugen. Beispielhaft für die parallelen Lithografieverfahren ist die UV-Lithografie zu nennen. Die Strukturinformationen werden von einer Maske in einen Fotolack übertragen. Das Verfahren birgt trotz zeit- und kostengünstiger Massenfertigung den Nachteil, dass die Strukturdimensionen aufgrund der Beugung des Lichts begrenzt sind. Sind Strukturen im Submikrometer- oder Nanometerbereich gefordert, muss auf serielle Lithografieverfahren wie die Elektronenstrahllithografie oder die Interferenzlithografie zurückgegriffen werden. Neben der Herstellung von Masken werden die seriellen Verfahren zunehmend auch für die Fertigung direkt lithografischer Strukturen eingesetzt.

Elektronenstrahllithografie

Bei der Elektronenstrahllithografie wird ein fein fokussierter Elektronenstrahl zur Erzeugung von Submikro- oder Nanometerstrukturen verwendet. Das ist auch der entscheidende Vorteil dieses Verfahrens, weil es die Beugung des Lichts umgeht, so dass auch kleinste Strukturen realisiert werden können. In Abb. 2.6 ist der schematische Aufbau eines Elektronenstrahlschreibers dargestellt. Der Elektronenaustritt aus der Kathode in das Vakuum erfolgt bei einem typischen Druck von 1 mbar–5 mbar. Es wird zwischen thermischer, Schottky (feldunterstützte, thermische Emission) und der reinen Feldemission unterschieden. Die Fokussierung des Elektronenstrahls erfolgt an elektrostatischen oder magnetischen Linsensystemen. Ablenkspulen bewegen den Elektronenstrahl präzise auf der Probenoberfläche. Für das Ein- und Ausblenden des Strahls ist der externe Ablenkgenerator verantwortlich. Beim Ausblenden des Strahls erzeugt der Ablenkgenerator Spannung auf zwei in der elektronenoptischen Säule befindlichen Kondensatorplatten, so dass der Strahl auf diese Blenden abgelenkt wird. Die Steuerung des Strahlablenksystems erfolgt über einen Steuerrechner, der die digitalen Daten der zu belichtenden Strukturen bereit stellt. Der Steuerrechner bewegt gemäß der gewünschten Koordinaten den xy-Tisch, auf dem sich die zu bestrahlende Probe befindet. Der xy-Tisch wird mit einem laserinterferometrisch gesteuerten Schrittmotor bewegt. Die Qualität des Elektronenstrahllithografieprozesses wird unter anderem von folgenden Parametern beeinflusst:

- *Lack- bzw. Resisttyp*: Die Belichtungszeit kann durch hochempfindliche Lacke, die für die Strukturierung weniger Elektronen pro Flächeneinheit benötigen, verkürzt werden.

- *Auflösung*: Streu- und Rückstreueffekte beeinflussen die Strukturauflösung.

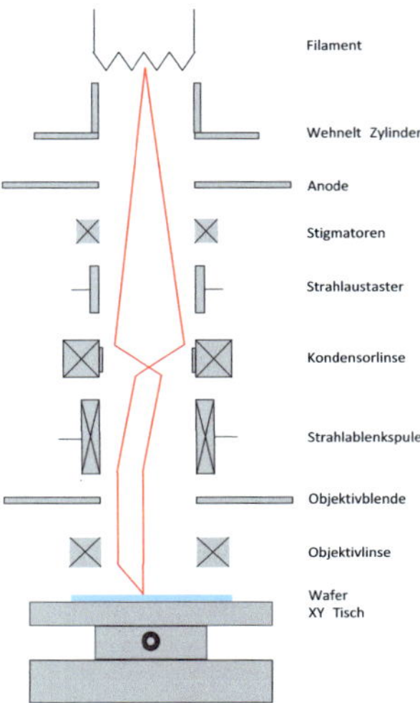

Abb. 2.6: Aufbau eines Elektronenstrahlschreibers

- *Strukturfeldgröße*: Die Schreibfeldgröße beträgt 1 mm. Sollen größere Felder strukturiert werden, muss der Probentisch bewegt werden. Folglich kann es zu Stitching-Fehlern kommen, d.h. die Anordnung der Felder zueinander ist fehlerbehaftet, oder es kommt zu einem „Pattern overlay", d.h. die Positionierung der Felder zueinander ist fehlerbehaftet.

Dieses Verfahren erzeugt präzise Strukturen, allerdings erfolgt die Präzision auf Kosten der Strukturierungszeiten. Daher sind keine großen Probendurchsätze möglich. Sind kleinste, geometrisch einfache Strukturen auf großen Flächen erforderlich, ist die Interferenzlithografie passend.

Interferenzlithografie

Genau wie die Elektronenstrahllithografie gehört die Interferenzlithografie zu den maskenlosen Lithografieverfahren. Im Unterschied zu anderen optischen Lithografieverfahren nutzt die Interferenzlithografie das Interferenzmuster zweier schief einfallender Laserstrahlen aus, um ein mit Resist beschichtetes Substrat mit Strukturen zu versehen.

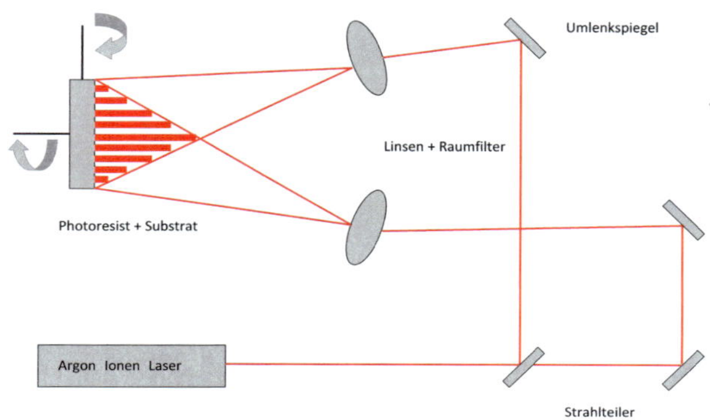

Abb. 2.7: Aufbauschema einer Interferenzltihografieanlage

Die interferenzlithografisch strukturierten Flächen erstrecken sich bis auf $1\,m^2$ mit nahezu unlimitierten Schärfentiefenbereich. Dieser Aspekt macht das Verfahren für Bereiche wie die Solarzellenherstellung, der Herstellung flacher Displaypanels mit kritischen Dimensionen als auch für die Herstellung von neuen Analysesytemen im lebenswissenschaftlichen, biologischen oder chemischen Bereich attraktiv [97]. Voraussetzung ist, dass es sich um ein periodisches Muster, dessen Aspektverhältnis zwischen 1 und 2 liegt, handelt. Weiterhin gilt, dass die Periode doppelt so groß wie die Strukturdimensionen ist. Sind diese Bedingungen erfüllt, kann mit der Strukturierung fotoresistbeschichteter Substrate begonnen werden. Im Folgenden, wird der Prozessablauf exemplarisch am Fall der Zweistrahllithografie erläutert.

Bei der Zweistrahlinterferenzlithografie wird ein Laserstrahl z.B. mit der Wellenlänge 363,8 nm aus einer Argon-Ionen-Quelle (s. Abb. 2.7) auf einen Strahlteiler, der den Strahl in zwei intensitätsgleiche Strahlen aufteilt, gelenkt. Die zwei intensitätsgleichen Strahlen werden durch Umlenkspiegel auf ein Linsensystem ausgerichtet. Das Linsensystem dient der Strahlaufweitung und ist derart ausgerichtet, dass der geweitete Strahl auf die Probe trifft. Der an das Linsensystem gekoppelte Raumfilter sondert Störungen im Wellenfeld aus. Durch konstruktive bzw. destruktive Interferenz, die aus der

Überlagerung und den unterschiedlichen Weglängen der Strahlen zum Zeitpunkt des Auftreffens der Strahlen auf der Probe resultiert, kann ein periodisches, großformatiges Linienpattern auf fotoresistbeschichteten Substraten realisiert werden. Loch- oder Säulenstrukturen im hexagonalen Gitter werden durch dreimaliges Drehen und Belichten des Substrats um jeweils 60° erzeugt werden. Durch Drehen des Substrats gehen allerdings die exakten Mittelpunktskoordinaten des Substrats verloren. Dies zeigt sich in elongierten Säulenstrukturen. Bei der Zweistrahlinterferenzlithografie können Linienstrukturen mit hoher Qualität gefertigt werden, jedoch Loch- oder Säulenstrukturen im hexagonalen Gitter nur mit Strukturqualitätsverlust.

2.5.2 Galvanik

Nachdem die Submikrometerstrukturen lithografisch in den Resist geschrieben und nasschemisch entwickelt worden sind, können diese entweder direkt zum Aufbau eines Mikrosystems eingesetzt oder als Basis für die Herstellung eines (Shim-)Formeinsatzes verwendet werden. Es wird zwischen den massiven, röntgenlithografisch strukturierten (LIGA-)Formeinsätzen mit einer Dicke $\geq 5\,mm$ und den meist runden, elektronenstrahllithografisch strukturierten Shim-Formeinsätzen mit einer Dicke $\leq 800\,\mu m$. Meist werden diese Formeinsätze durch galvanische Replikation der Resistsstrukturen aus Nickel hergestellt. Je nach Einsatzfall bei der später mit dem Formeinsatz durchzuführenden Kunststoffreplikation kann die Härte des Formeinsatzes durch Zulegieren eines Metalls, wie z.B. Kobalt, erhöht werden.

Damit die galvanische Abscheidung überhaupt starten kann, bedarf es dem Aufbringen einer vollflächigen Galvanikstartschicht mittels Sputtern oder Aufdampfen sowohl auf dem Wafersubstrat (vor dem Lithografieschritt) als auch auf dem strukturierten Resist (nach dem Lithografieschritt). Dünne Metallschichten aus Chrom, Titan, Gold, Kupfer oder Schichtkombinationen eignen sich dafür gut. Die Schichtdicke auf dem Resist sollte so dünn wie möglich sein, um eine Einebnung zu vermeiden und die Maßhaltigkeit der Strukturen (im nm-Bereich) nicht zu beeinträchtigen. Und sie sollte so dick wie möglich sein, um eine auseichende Leitfähigkeit zu erreichen. Gold- und Kupferschichten auf Siliziumwafern ermöglichen keine ausreichend gute Resisthaftung, so dass bisher oxidiertes Titan (TiO_x) verwendet wurde [96]. Werden jedoch Formeinsätze mit sehr glatten Stirnflächen, dessen Rauheit bei einigen Nanometern liegt, benötigt, eignet sich oxidiertes Titan nicht. Oxidiertes Titan besitzt sehr hohe Rauheit, gepaart mit wurmartigen Korngrenzen, die sich beim Aufdampfen entwickeln. Dadurch können Nanostrukturen nur sehr schlecht oder gar nicht auf diesen Schichten abgebildet werden. Ein Kompromiss zwischen einerseits guter Haftung für den Resist und einer feinkörnigen und ebenmäßigen Galvanikstartschicht, die dann auf der Stirnseite des Formeinsatzes abgebildet wird, ist, Titan auf dem Siliziumsubstrat aufzudampfen, den Resist aufzuschleudern, zu strukturieren und zu entwickeln und anschließend eine dünne Chrom/Goldschicht auf dem strukturiertem Resist aufzudampfen [98]. Das strukturierte und metallisierte Substrat kann anschließend mit einer speziellen Halterung in den Nickelelektrolyten (meist ein borsäurehaltiger Nickelsulfamatelektrolyt) eingebracht und die galvanische Abscheidung gestartet werden. Die Abscheidung erfolgt entsprechend den Faraday'schen Gesetzen so lange, bis die gewünschte Sollhöhe erreicht ist. Neben der Galvanikstartschicht, die unerlässlich für einen qualitativ hochwertigen Formeinsatz mit Nanostrukturen ist, gibt es weitere Faktoren, die innerhalb des Galvanikprozesses die Qualität des metalischen Formeinsatzes beeinflussen:

- *Nickelkonzentration im Elektrolyten*: Um eine möglichst hohe Mikrostreufähigkeit zu erreichen, d.h. dass Strukturen mit kleinem Querschnitt mit vergleichbarer Geschwindigkeit wie Strukturen mit großem Querschnitt befüllt werden, braucht es eine relativ hohe Nickelkonzentration im Elektrolyten.

- *Feldlinienverteilung*: Eine homogene Verteilung des elektrischen Feldes ist wichtig, um homogene Schichtdicken auf der ganzen Waferfläche zu erreichen. Aus diesem Grund wird zum einen mit einer größeren Anode (platiniertes Titan) gegenüber einer kleineren Kathode (metallisierter Wafer) gearbeitet. Zum anderen wird um den Wafer ein Blendenring gesetzt, um den aus der Galvanik bekannten "Hundeknocheneffekt"deutlich zu verringern.

- *Netzmittel im Elektrolyt.* Enge und tiefe Kavitäten können häufig nicht ohne Zugabe von Netzmitteln gefüllt werden, weil die Grenzflächenspannung zwischen Resist und Elektrolyt dies verhindert. Durch Zugabe einer geringen Konzentration anionischer Netzmittel wird die Grenzflächenspannung abgesenkt und durch zusätzliches Evakuieren des strukturierten Wafers im Elektrolyten vor der Abscheidung, wird ein vollständiges Benetzten und Befüllen der Kavitäten mit Elektrolyt erreicht.

- *Stromdichte*: Am Anfang des galvanischen Abscheideprozesses sind oft sehr kleine Stromdichten wichtig, damit sich langsam eine vollflächige, geschlossene Nickeschicht bildet und selbst kleinste Strukturdimensionen gleichmäßig abgebildet werden. Sukzessive kann dann die Stromdichte von $0{,}05\,A/dm^2$–$1{,}0\,A/dm^2$ erhöht werden. Die obere Grenze innerhalb der Mikrogalvanoformung ergibt sich aus der Bedingung, dass nur geringe innere Spannungen während der Abscheidung in die Nickelschichten eingebaut werden, die zum Verbiegen oder zum Ablösen des Formeinsatzes während des galvanischen Prozesses führen können.

- *Weitere Parameter*: Die Zusammensetzung, der pH-Wert und die Arbeitstemperatur des Nickel-Elektrolyten sind aufeinander abgestimmte, optimierte Parameter, um ein gleichbleibend gutes, reproduzierbares Ergebnis der Nickelabscheidung zu erhalten.

Wenn alle genannten Faktoren bei der galvanischen Abscheidung von Nickel berücksichtigt und optimiert werden, können die lithografisch erzeugten Submikrometer- bzw. die Nanostrukturen gefüllt bzw. umkopiert und der Formeinsatz bis zu $500\,\mu m$ oder höher mit Nickel ohne nennenswerte innere Spannungen gefertigt werden.
Nach Beendigung der Galvanoformung muss der Shim-Formeinsatz vom Silizium-Substrat getrennt werden. Das kann entweder durch einen mechanischen Lift-off-Prozess (Abheben) oder durch ein nasschemisches Auflösen des Siliziums in Kaliumhydroxid-Lösung (Ätzen) erfolgen. Dabei ist darauf zu achten, dass der Shim und die Mikrostrukturen nicht beschädigt werden. Abschließend werden noch der Resist und eventuell auch die Galvanikstartschichten chemisch entfernt.

2.5.3 Heißprägen

Die galvanisch hergestellten Formeinsätze mit Submikrometer- bzw. Nanostrukturen können anschließend als Master für die Verfielfältigung der Strukturen in ein Polymer herangezogen werden. Bekannte Replikationsverfahren in der Mikrosystemtechnik sind Mikrospritzgießen, Reaktionsgießverfahren und Vakuumheißprägen.
Einzig das Vakuumheißprägen, das Ende der 1990er Jahre entwickelt wurde, ist in der

Lage Submikrometer- bzw. Nanostrukturen formgetreu abzubilden [99]. Dieses Verfahren ist geeignet, Mikrostrukturen auf dünne, großflächige Polymerfolien zu prägen. Von Nachteil ist, dass die Zykluszeiten pro Abformvorgang im Vergleich zum Mikrospritzgussverfahren um eine Größenordnung höher liegen. Das verwendete Polymer in Form von Folien oder Platten muss thermoplastisch sein. Sie werden im Folgenden als Halbzeug bezeichnet. In der Prägemaschine wird zwischen einer Grundplatte und dem Prägewerkzeug ein dünnes folienartiges Polymerhalbzeug gelegt (s. Abb. 2.8). Die beiden Werkzeuge werden auf Kontakt zugefahren und der darin eingeschlossene Raum wird evakuiert. Das Werkzeug wird anschließend auf eine Temperatur, die ein paar Grad über der Glasübergangstemperatur des verwendeten Polymers liegt, erhitzt. Hat das Werkzeug die vorgegebene Temperatur erreicht, werden die Werkzeuge so weit zusammengefahren bis eine Prägekraft zwischen 5 kN–20 kN erreicht ist. Das geschmolzene Polymer füllt die evakuierten Kavitäten der Werkzeugstruktur, was einige Zeit in Anspruch nimmt. Sind die Kavitäten mit Polymerschmelze gefüllt, wird das Werkzeug auf eine Entformtemperatur von 80° heruntergekühlt und gleichzeitig wird die Kraft verringert. Die Kammer wird auf Umgebungsdruck geregelt, die Werkzeuge auseinander gefahren und das fertige Bauteil kann entnommen werden.

Im Falle der Abformung von großflächigen Submikrometerstrukturen ist die Entformung besonders kritisch, da sich das große Oberflächen- zu Volumenverhältnis negativ auswirkt. Trotzdem dürfen für die meisten Anwendungsbereiche der Submikrometerstrukturen keine Trennmittel zu Hilfe genommen werden, weshalb die Entformung bei erhöhten Temperaturen erfolgt. Förderlich wirkt sich bei der Entformung der Einsatz von sandgestrahlten Substratplatten aus, da sie eine sehr gute Haftung zum Halbzeug herstellt.

2.5.4 Thermoformen

Genau wie das Heißprägen gehört das Thermoformen zu den parallelen Replikationsverfahren für Polymere auf Basis der Umformung. Beide Verfahren verarbeiten thermoplastische Halbzeuge in Form von dünnen Platten oder Folien. Im Unterschied zum Heißprägen wird beim Thermoformen Druckluft für die Gestaltänderung eingesetzt. Dabei wird das zuvor erhitzte Halbzeug durch die Druckluft gestreckt und durch Ausdünnung der Ausgangsmaterialdicke zu einem dreidimensionalen Formteil umgeformt [100]. Das Mi-

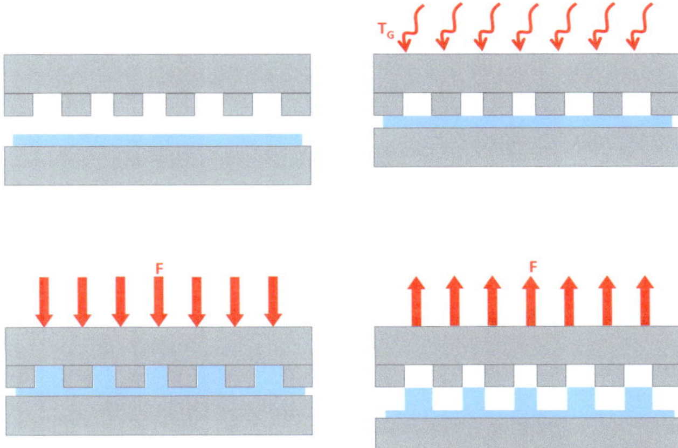

Abb. 2.8: Schematischer Prozessablauf des Heißprägeprozesses: **links oben**: zwischen Grundplatte und Prägewerkezug wird ein dünnes folienartiges Polymerhalbzeug gelegt.
rechts oben: das Werkzeug wird auf die Glasübergangstemperatur des Polymers erhitzt. **links unten**: es wird eine Prägekraft aufgebracht, so dass das aufgeschmolzene
Polymer die Kavitäten des Werkzeugs ausfüllt. **rechts unten**: nach Erreichen der Entformtemperatur werden die Werkzeuge auseinander gefahren und das geprägte Bauteil
kann entnommen werden.

krothermoformen baut auf dem makroskopischen Trapped-Sheet-Verfahren auf. Beim
Mikrothermoformen handelt es sich um eine Druckluftumformung in temperierbaren
Negativformwerkzeugen [101, 102]. Der Druck beim Druckluftumformen entsteht pneumatisch auf der entgegengesetzten Seite des Formwerkzeugs. Negativformwerkzeuge
für Mikrostrukturen sind einfach und kostengünstig beispielsweise durch Erodieren oder
Fräsen herzustellen, da nur geringe Materialmengen herausgearbeitet werden müssen.
In Abb. 2.9 ist der Mikrothermoformprozess schematisch dargestellt: Ein Polymerhalbzeug wird zwischen der unten liegenden Werkzeugplatte und der oben liegenden Grundplatte gelegt. Die Fixierung des Halbzeugs erfolgt durch Evakuieren des Raums, der sich
durch das Zusammenfahren der beiden Werkzeuge ergibt. Das Werkzeug wird auf eine
Temperatur 10 °C–20 °C unter der Glasübergangstemperatur erhitzt. Anschließend wird

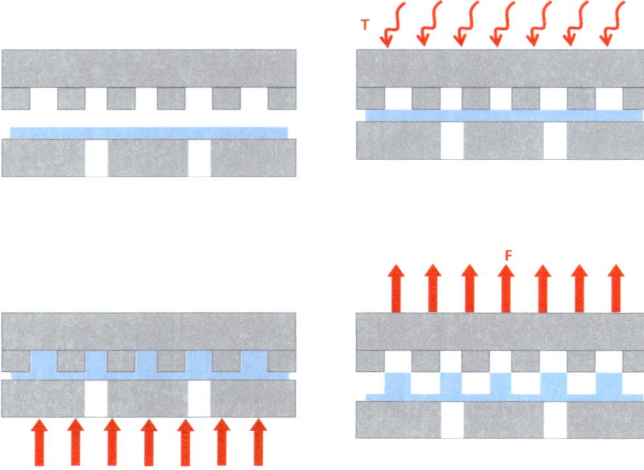

Abb. 2.9: Schematische Darstellung des Mikrothermoformprozesses: **links oben**: zwischen zwei Werkzeugen wird ein dünnes, folienartiges Polymerhalbzeug gelegt. **rechts oben**: die Werkzeuge werden zugefahren und auf eine Umformtemperatur, die $10\,°C$–$20\,°C$ unter der Glasübergangstemperatur liegt, erhitzt. **links unten**: Druckluft wird aufgebracht und das Polymer wird in das Werkzeug eingeformt. **rechts unten**: die Platten werden auf Entformtemperatur abgekühlt und auseinander gefahren.

durch pneumatische Druckzufuhr das Halbzeug durch Strecken mit gleichzeitiger Ausdünnung der Ausgangsdicke des Materials in die Mikrostrukturen des Werkzeugs eingeformt. Der Druck wird gehalten bis die Entformtemperatur erreicht ist, anschließend wir der Druck gesenkt und die Werkzeuge auseinander gefahren. Das fertige Formteil kann entnommen werden.

2.6 Messverfahren und Charakterisierungsmethoden

Um die Funktionalität sicher zu stellen, müssen die superhydrophoben mikrofluidischen Kanalsysteme bezüglich ihres Benetzungszustandes und ihrer Eigenschaft, Tröpfchen zu erzeugen, charakterisiert werden. Für das erste Kriterium eignen sich statische und dynamische Kontaktwinkelmessungen; für das zweite Kriterium ist eine Bildsequenzanalysesoftware, die auf bekannten Algorithmen basiert, zu entwickeln und zu implementieren.

2.6.1 Kontaktwinkelmessung

Der Kontaktwinkel ist ein Maß für den Benetzungszustand. Er ist aus geometrischer Betrachtung der Winkel, der durch die Festkörperoberfläche und einer an der Kontaktlinie zwischen Tröpfchen und Festkörperoberfläche angelegten Tangente beschrieben wird.

Statische Kontaktwinkelmessungen

Der statische Kontaktwinkel wird mit einem festgelegten Tröpfchenvolumen, der auf eine Festkörperoberfläche mit unbekanntem Benetzungszustand abgesetzt wird, bestimmt. Der Kontaktwinkel ist bei den statischen Messungen zeitabhängig und wird durch folgende Faktoren beeinflußt:

- Verdampfen der Tröpfchenflüssigkeit,

- Wanderung von gelösten Stoffen aus der Tröpfchenflüssigkeit an die Tröpfchengrenzfläche,

- Wanderung von oberflächenaktiven Stoffen, die sich von der Festkörperoberfläche lösen, zur Tröpfchengrenzfläche,

- Chemische Reaktionen zwischen Festkörper und Flüssigkeit und

- Anlösen und Anquellen des Festkörpers durch die Flüssigkeit.

Statische sind den dynamischen Kontaktwinkelmessungen vorzuziehen, wenn nur sehr kleine Tröpfchen, auf die nur eine vernachlässigbare Gewichtskraft wirkt und bei denen die Spritzennadel nicht im Tröpfchen verbleibt und diesen verzerrt, untersucht werden. Sie sind auch im Falle von Festkörpern, die keine starre Oberfläche besitzen, den dynamischen Messungen vorzuziehen. Allerdings können sich die schon oben erwähnten Zeiteffekte störend auf die Messung auswirken. Hinzu kommt, dass nur an einer Stelle, an der lokale Unebenheiten wie Verschmutzungen oder inhomogene Oberflächen auftreten können, gemessen wird. Diese Effekte verfälschen das Messergebnis.

Dynamische Kontaktwinkelmessungen

Im Gegensatz zu den statischen Messungen wird bei der Bestimmung des dynamischen Kontaktwinkels das Volumen des Tröpfchens während der Messung vergrößert bzw. verringert, wodurch sich die Tröpfchenform ändert. Während der Volumenvergrößerung ändern sich die Flüssig-Fest-Grenzflächen, das durch das Wandern der Kontaktlinie beobachtet werden kann und durch den Fortschreitewinkel gemessen wird (s. Abb. 2.10a). Die Ergebnisse der dynamische Kontaktwinkelmessungen sind insbesondere dann von großer Relevanz, wenn Tröpfchenbewegungen auf modifizierten Oberflächen untersucht werden sollen. Anfangs können bei der Volumenvergrößerung, während der die Spritzennadel im Tröpfchen verbleibt, Anhaftungseffekte auftreten. Diese Anhaftungseffekte resultieren aus dem Übergang zwischen einem durch Kohäsionskräfte dominierenden Zustand im Inneren des Tröpfchens zu einem Zustand, der durch die Adhäsionswechselwirkungen zwischen Festkörper und Flüssigkeit bestimmt ist. Diese Anhaftungseffekte sind abhängig von der Oberflächentopografie wie auch von Verschmutzungen oder inhomogenen Oberflächen. Bei Verringerung des Tröpfchenvolumens, d.h bei Entnetzung, treten ähnliche Erscheinungen wie bei der Volumenvergrößerung auf, was durch den Rückzugswinkel gemessen wird (s. Abb. 2.10b). Bis die Anhaftungserscheinungen überwunden sind, bewegt sich der Tröpfchen nicht. Dabei wird in der Regel ein großer Tröpfchen auf die Oberfläche erzeugt und mit konstanter Fließgeschwindigkeit in die Nadel gezogen.

Kontaktwinkelhysterese

Aus der Differenz zwischen Fortschreite- und Rückzugswinkel, bekannt als Kontaktwinkelhysterese, lassen sich Aussagen über die Oberflächenrauheit oder über die chemische Textur der Oberfläche treffen. Durch das genaue Maß der Hysterese wird beschrieben, wie groß die Barriere für eine ungestörte Tröpfchenbewegung auf einer Oberfläche ist. Im Folgenden werden mögliche Einflüsse, die die Tröpfchenbewegung behindern, erörtert:

- Die *Oberflächenrauheit*, die aufgrund natürlich rauer oder künstlich strukturierter Oberflächen auftritt, ist für Anhaftungserscheinungen, die die Tröpfchenbewegung behindern, verantwortlich. In diesem Falle ist die Kontaktwinkelhysterese

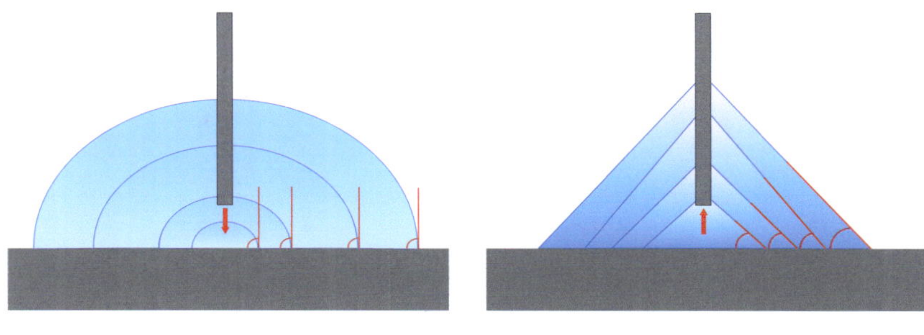

(a) Fortschreitewinkel   (b) Rückzugswinkel

Abb. 2.10: Dynamische Kontaktwinkelmessungen: a) Messung des Fortschreitewinkel bei Volumenvergrößerung und b) Messung des Rückzugswinkels bei Volumenverringerung

bestimmt durch das Gleichgewicht zwischen der Schwingungsenergie des Tröpfchens und der Höhe der Energiebarrieren zwischen den metastabilen Tröpfchenzuständen.

- Die Tröpfchenbewegung kann durch *chemische Kontaminationen* oder *Inhomogenitäten* in Form von Staubpartikeln oder chemischen Reinigungsmittelresten gestört werden, da ferner die chemische Zusammensetzung der Oberfläche den Benetzungszustand beeinflusst.

- Sind Polymere oder Tenside *Bestandteile der Tröpfchenflüssigkeit* kann es vorkommen, dass diese Tensid- oder Polymermoleküle an die Tröpfchengrenzfläche wandern, sich dort anlagern und lokale Oberflächenenergiedifferenzen auslösen. Diese Oberflächenenergiedifferenzen äußern sich durch Anheftungserscheinungen oder unregelmäßige Benetzungserscheinungen.

Generell gilt, je geringer die Hyterese, desto höher die Tröpfchenmobilität. Denn die Kraft, die benötigt wird, um einen Tröpfchen auf einer Oberfläche zu bewegen, ist abhängig von der Benetzungsenergie auf der fortschreitenden Tröpfchenseite und der freiwerdenden Energie auf der rückziehenden Tröpfchenseite, was durch Gl. 2.20 ausgedrückt wird:

$$
\begin{aligned}
F_{mobil} &= \gamma_{SG} \cdot w \cdot (\cos\Theta_r - \cos\Theta_a) \\
&= 2 \cdot R \cdot \gamma_{SG} \cdot \sin\left(\frac{\Theta_a + \Theta_r}{2}\right)(\cos\Theta_r - \Theta_a)
\end{aligned}
\tag{2.20}
$$

Allerdings gibt es keine allgemeingültigen Gesetzmäßigkeiten, die quantitativ das Maß der Einflussfaktoren bestimmt und somit das Oberflächenverhalten zuverlässig voraussagt.

2.6.2 Tröpfchencharakterisierung mittels Bildverarbeitung

In industriellen Sichtprüfsystemen, die auf maschinellem Sehen beruhen, werden Produktionseinheiten schnell und präzise nach Auslieferware oder Ausschuss überprüft. Diese Produktionseiheiten unterliegen gewissen Qualitätsstandards. So sollen alle Einheiten beispielsweise die gleichen Maße und Form besitzen. Damit nicht jede Einheit einzeln aus der Serie für die Messwertbestimmung entnommen werden muss, eignen sich optische Sichtprüfmethoden, die berührungslos und echtzeitfähig die Qualitätskontrolle übernehmen.

Diesem Prinzip entsprechend muss für die Analyse der Tröpfchen ein der Aufgabenstellung angepasstes System implementiert werden. Damit während der Tröpfchengenerierung die Tröpfchenqualität bezüglich Form und Volumen überprüft werden kann, bedarf es eines echtzeitfähigen Systems. OpenCV [103], eine von Intel bereitgestellte Bibliothek, die aus C++ Bildverarbeitungsalgorithmen besteht, bietet diese Möglichkeit. Ein weiterer Vorteil dieser Plattform ist, dass die grundlegenden Algorithmen für das System vorhanden sind und lediglich an das jeweilige Problem angepasst werden müssen. In den folgenden beiden Unterkapiteln werden die elementaren Algorithmen des Tröpfchenanalysesystems, womit die Vorverarbeitung der Videosequenzen gemeint ist, erörtert, damit die notwendigen Informationen für die Charakterisierung der Tröpfchen extrahiert und bestimmt werden können. Für die Bestimmung der Messgrößen wird auf das Kapitel 4, in dem auch die Programmstruktur und deren Ablauf detailliert erläutert werden, verwiesen.

Bildsubtraktion

Für die Tröpfchenanalyse werden Videosequenzen, in denen die Tröpfchengenerierung und deren Handhabung dargestellt sind, aufgenommen. In diesen Videosequenzen bewegen sich die Tröpfchen in einem statischen Umfeld, das im folgenden als statischer Hintergrund bezeichnet. Für die Detektion des Tröpfchens, muss folglich der Tröpfchen vom Hintergrund extrahiert werden. Einer der einfachsten und schnellsten Subtraktionsmethoden ist die Frame Differencing Methode. Die Frame Differencing Methode beruht auf den Annahmen, dass ein statischer Hintergrund vorliegt, die Bewegung starr ist und die Objektbewegung monoton verläuft [104]. Generische Sequenzen können mit dieser Methode folglich nicht verarbeitet werden. Der Bildsubtraktionsoperator erhält dafür zwei ungleiche Frames $f(x,y)$ und $h(x,y)$, subtrahiert die Pixelwerte des ersten Frames von den entsprechenden Pixelwerten des zweiten Frames und liefert einen dritten Frame $g(x,y)$, der aus den subtrahierten Pixelwerten der Eingangsframes (s. Gl. 2.21) besteht.

$$g(x,y) = f(x,y) - h(x,y) \qquad (2.21)$$

Wenn Lichtunterschiede oder schwankende Hintergrundobjekte auftreten, wird das Ergebnis der Bildsubtraktionsmethode beeinträchtigt. Deshalb werden die Pixelwerte der Frames, bevor sie an den Bildsubtraktionsoperator weiter gegeben werden, mit einem Schwellwertoperator vom Rauschen befreit [103]. Dabei werden sich bewegende Objekte mit einem Pixelwert von 255 (weiß) markiert und Hintergrundobjekte mit einem Wert von 0 (schwarz) belegt. Der Schwellwertoperator prüft, ob die Pixelwerte eines Frames über- oder unterhalb eines festgelegten Schwellwertes liegen. Liegt der Pixelwert oberhalb des Schwellwertes ist der Pixel ein möglicher Kandidat für ein bewegtes Objekt, liegt der Pixelwert unter dem Schwellwert wird er als Hintergrundobjekt markiert und für die weitere Verarbeitung ignoriert.

Cannyfilter

Canny versuchte einen optimalen und robusten Kantendetektor zu entwickeln [105]. Dieser Kantenoperator muss, um optimale Ergebnisse zu liefern, drei Kriterien erfüllen:

1. *Detektion*: Alle tatsächlich vorkommenden Kanten sollen erkannt werden, ohne falsche Kantenpixel zu berücksichtigen.

2. *Lokalisierung*: Der Abstand zwischen tatsächlicher und erkannter Kante soll minimal sein.

3. *Ansprechverhalten*: Kanten sollen nicht mehrfach erkannt werden, so dass die Breite einer Kante nicht mehr als einen Pixel breit ist.

Damit diese drei Kriterien erfüllt sind, basiert dieser Algorithmus auf Binärbildern. Demzufolge sind Kanten als Helligkeitsschwankung zwischen zwei benachbarten Pixeln definiert und können entweder den Wert 0, d.h. keine Kante oder den Wert 1, d.h. es existiert eine Kante, annehmen. Des Weiteren werden Informationen über die Gradienten- bzw. Kantenrichtung verwendet. Der Algorithmus gliedert sich in mehrere Ablaufstufen, die im folgenden aufgeführt und erläutert werden.

1. *Glättung*

   Für die Glättung des Bildes wird ein Gaußfilter verwendet und dient der Unterdrückung von Bildrauschen im Originalbild. Hierfür wird das Originalbild mit einer $n \times n$ Matrix, die die Normalverteilung annähert, gefaltet. Je größer die Maske, d.h. je höher die Dimension der Matrix, desto robuster wird der Algorithmus gegenüber Rauschen.

2. *Kantendetektion*

   Nachdem das Bild geglättet worden ist, können die Kanten durch Anwendung des Sobeloperators in x- und y-Richtung durch Schätzung des Gradienten und dessen Stärke in jedem Bildpunkt bestimmt werden. Die Schätzung des Gradienten und dessen Stärke erfolgt durch Faltung des geglätteten Bildes mit dem Sobeloperator. Der Sobeloperator in x-Richtung ist eine 3×3-Matrix:

$$\begin{pmatrix} 1 & 0 & -1 \\ 2 & 0 & -2 \\ 1 & 0 & -1 \end{pmatrix} \tag{2.22}$$

   Der Sobeloperator in y-Richtung ergibt sich durch Rotation der Matrix um $90°$ (s. Gl. 2.23).

$$\begin{pmatrix} 1 & 2 & 1 \\ 0 & 0 & 0 \\ -1 & -2 & -1 \end{pmatrix} \tag{2.23}$$

Das Ergebnis der Faltung des geglätteten Bildes mit dem Sobeloperator in x- und y-Richtung sind zwei neue Bilder. Die geschätzten Gradientenwinkel müssen für die weitere Verarbeitung auf 0°, 45°, 90° oder 135° gerundet werden. Das liegt darin begründet, dass jeder Pixel nur acht mögliche Nachbarn hat, woraus sich lokal nur vier mögliche Kantenrichtungen ergeben. Zusätzlich wird noch ein Bild der absoluten Kantenstärke berechnet, was durch die Berechnung des euklidischen Betrags der beiden Gradienten eines jeden Pixels durchgeführt wird.

$$G(x,y) = \sqrt{g_\mathrm{x}(x,y)^2 + g_\mathrm{y}(x,y)^2} \qquad (2.24)$$

3. *Unterdrückung von Nicht-Maxima*

Die über die Faltung gewonnenen Informationen über die Kanten und die Richtung der Kanten werden für die genauere Kantenlokalisierung durch *Unterdrückung von Nicht-Maxima* verfeinert. Diese Operation dient der Erfüllung des zweiten und dritten Optimierungskriteriums, das besagt, dass jede Kante nur einen Pixel breit sein darf, aber dabei genau lokalisiert werden muss. Um diesen beiden Kriterien gerecht zu werden, müssen die lokalen Helligkeitsmaxima bestimmt werden. Für die Berechnung der lokalen Maxima entlang einer Kante wird das zuvor ermittelte Bild mit den absoluten Kantenstärken verwendet. Der absolute Kantenbetrag $G(x,y)$ eines jeden Pixel in Gradientenrichtung wird mit den umliegenden acht Nachbarpixel verglichen. Alle Pixel, die solche Maxima darstellen, werden beibehalten, die anderen Pixel werden auf null gesetzt, da diese offensichtlich keine lokalen Maxima darstellen.

4. *Hystereseverfahren*

Das resultierende Bild enthält zum Teil Kanten mit unterschiedlichen Helligkeitswerten, so dass die Vermutung nahe liegt, dass sich noch irrelevante Kanten im Bild befinden. Solche irrelevanten Kanten, deren Helligkeitswerte unter einem bestimmten Schwellwert liegen, sollen beseitigt werden. Damit der Kantenverlauf durch die Anwendung von Schwellwerten nicht zerissen werden und in separaten Teilstücken vorliegt, werden die Kanten mit einem *Hystereseverfahren* hinsichtlich ihrer Relevanz beurteilt. Hierfür werden zwei Schwellwerte T_1 und T_2 definiert, wobei $T_1 \leq T_2$ gelten soll. Alle Pixel, deren Intensitätswert unterhalb des zuvor festgelegten Schwellwerts T_1 liegen, werden direkt auf schwarz gesetzt. Pixel, deren Wert oberhalb von T_2 liegen, werden dagegen direkt als Kantenpixel definiert. Die Pixel, deren Werte zwischen den beiden Schwellwerten liegen, werden wie folgt behandelt: Ist mindestens ein Nachbarpixel in Gadientenrichtung ein Kantenpixel, so wird das aktuelle Pixel auch als Kantenpixel markiert. Sind dagegen beide Nachbarpixel keine Kantenpixel wird das aktuelle Pixel auch kein Kantenpixel sein.

Das resultierende Bild kann nun für die Gewinnung von weiteren Bildinformationen, wie beispielsweise der Konturerkennung, weiter verarbeitet werden.

Border-Following-Methode

Um Konturinformationen aus Bildern zu gewinnen, muss vorher definiert sein, was eine Kontur ist. Eine Kontur definiert eine Liste aus Punkten, die gewissermaßen eine Kurve in einem Bild darstellt. Weiterhin wird an dieser Stelle festgelegt, dass Konturen durch Sequenzen, deren Einträge Informationen zu der Position vom nächsten Punktes in der Kurve beinhalten, dargestellt werden.
Die Border-Following-Methode [106, 107] arbeitet mit Bildern, deren Kanten zuvor durch den Cannyfilter erfasst wurden. Ein Vorteil des Algorithmus ist, dass die daraus resultierenden, extrahierten Kanten für weitere Bildverarbeitungssschritte zur Verfügung stehen, ohne dass das Originalbild wieder hergestellt werden muss. Weiterhin unterscheidet der Algorithmus zwischen äußeren Grenzen und Lochgrenzen, die im folgenden Abschnitt detailliert erläutert werden. Für die Unterteilung der Grenzen müssen diese gekennzeichnet und die Parentborder ermittelt werden. Durch entsprechende Abänderung des Algorithmus werden nur die äußeren Grenzen verfolgt. Bevor die eigentliche Konturverfolgung erläutert wird, müssen einige Begriffe eingeführt und erklärt werden, wobei im folgenden i die Zeile und j die Spalte definiert:

- Der Hintergrund besteht aus Pixel, die den Wert 0 besitzen.

- Das Eingangsbild besteht aus Pixel (i, j), die einen Dichtewert f_{ij} gemäß $F = f_{ij}$ besitzen.

- Eine 1-Komponente ist definiert als eine durchgehende Sequenz aus 1-er Pixel, gleichermaßen ist eine 0-Komponente als eine durchgehende Sequenz aus 0-er Pixel definiert.

- Eine 8-er Verbundenheit ist folgendermaßen definiert:

$$\begin{matrix} 1 & 1 & 1 \\ 1 & 0 & 1 \\ 1 & 1 & 1 \end{matrix} \;,\; \begin{matrix} 1 \\ 1 & 0 & 1 \\ 1 \end{matrix} \;\text{oder}\; \begin{matrix} 0 & 0 & 0 \\ 0 & 1 & 0 \\ 0 & 0 & 0 \end{matrix} \;,\; \begin{matrix} 0 \\ 0 & 1 & 0 \\ 0 \end{matrix} \tag{2.25}$$

- Die Grenzpunktbedingung ist erfüllt, wenn eine durchgehende Sequenz aus 1-er Pixel um ein 0-Pixel besteht.

$$\begin{matrix} 1 & \mathbf{1} & 0 \\ 1 & \mathbf{1} & \mathbf{1} \\ 1 & 1 & 1 \end{matrix} \tag{2.26}$$

- Die Umgebung zwischen verbundenen Komponenten (1-Komponente: S_1, 0-Komponente: S_2 ist folgendermaßen definiert: S_1 umgibt S_2), wenn ein 4-er Weg wie in Gl.2.27 möglich ist.

$$\begin{matrix} & 1 & \\ 1 & 0 & 1 \\ & 1 & \end{matrix} \tag{2.27}$$

- Eine *äußere Grenze* ist gemäß den oben festgelegten Regeln als eine Reihe von Grenzpunkten zwischen einer beliebigen 1-Komponente und einer beliebigen 0-Komponente, das die 1-Komponenten nach obiger Definition umgibt, definiert. Eine *Lochgrenze* ist definiert als eine Reihe von 1-Komponenten, die 0-Pixel umgibt. Weiterhin ist folgende Eigenschaft definiert: Für eine 1-er Komponente, die äußere Grenze oder Lochgrenze nach obiger Definition ist, ist die Grenze einzigartig.

- Die Umgebung zwischen den Grenzen ist wie folgt definiert: Für zwei gegebene Grenzen B_0 und B_n eines Binärbilds wird festgelegt, dass B_n B_0 umgibt, wenn eine Grenzreihe B_0, B_1,...,B_n, so dass B_k die Parentborder von B_{k-1} für alle k für die gilt: $1 \leq k \leq n$

Mit den oben definierten Regeln und Annahmen kann der Algorithmus zur Verfolgung von Konturen erklärt werden. Zunächst wird das Bild, angefangen an der oberen linken Bildecke von rechts nach links und Zeile für Zeile abgerastert. Findet der Algorithmus einen Pixel, das den Wert 1 besitzt, dann wird dieser als Startpunkt für eine mögliche

Grenze definiert und indexiert. Anschließend wird der Grenztyp bestimmt. Es handelt sich um eine *äußere Grenze*, wenn der Pixelintensitätswert f in der i-ten Zeile und der j-ten Spalte 1 und der Pixelintensitätswert in der i-ten Zeile und der j-1-ten Spalte 0 ist. Im Falle einer Lochgrenze ist der Pixelintensitätswert in der i-ten Zeile und der j-ten Spalte 1 und der Pixelintensitätswert in der i-ten Zeile und der j+1-ten Spalte 0. Treffen beide Bedingungen nicht zu, wird die Abrasterung fortgesetzt, bis entweder ein weiterer 1-er Pixel gefunden, oder der rechte untere Bildpixel erreicht ist. Ist eine der beiden Bedingungen erfüllt, muss die Parentborder bestimmt werden. Ist diese gemäß den oben festgelegten Regeln bestimmt, wird die Kontur verfolgt, indem im Uhrzeigersinn beim Startpixel angefangen nach einem weiteren 1-er Pixel gesucht und dieser indexiert wird. Wird ein 0-Pixel detektiert, so wird dieser negativ indexiert und mit der Bildabrasterung fortgesetzt. Bei Detektion eines 1-er Pixel, wird von diesem Pixel ausgehend gegen den Uhrzeigersinn nach weiteren 1-er Pixel, die dementsprechend indexiert werden, in der Nachbarschaft gesucht. Dies wird solange durchgeführt bis der Startpunkt wieder erreicht wird. Danach kann mit der Abrasterung des Bildes fortgefahren werden. Der Algorithmus wird nur einmal für jede Grenze wiederholt und reduziert alle Grenzen auf einen Pixel. Weiterhin kann durch Ermittlung der Parentborder (s. Abb. 2.11) sicher gestellt werden, dass nur die äußersten Grenzen bei der Konturverfolgung berücksichtigt werden.

Fit-Ellipse

Ein weiterer wichtiger Schritt bei der Vorverarbeitung der Videosequenzen, ist, dass die Tröpfchenkontur an eine Ellipse angepasst wird. Das heißt, nachdem das bewegte Objekt, in dem Fall das Tröpfchen vom Hintergrund extrahiert und die Tröpfchenkontur mit dem Cannyalgorithmus und der Border-Following-Methode bestimmt worden ist, kommt die Fit-Ellipse-Methode zum Tragen. Sie beseitigt letzte Artefakte. Die Fit-Ellipse-Methode gehört den Objektsegmentierungsmethoden an, deren Aufgabe ist, nichtlineare Parameter zu schätzen. Für gute Ergebnisse müssen geeignete Optimierungsverfahren gefunden werden [103, 108]. Ergebnis ist eine an die Kontur angepasste Ellipse, wobei nicht zwangsläufig alle Konturpunkte in der gefitteten Ellipse berücksichtigt werden. Für das Anpassen der Ellipsenkontur an die reale Kontur gibt es verschiedene Methoden, die alle ihre Vor- und Nachteile bergen. Folgende Optimierungsmethoden

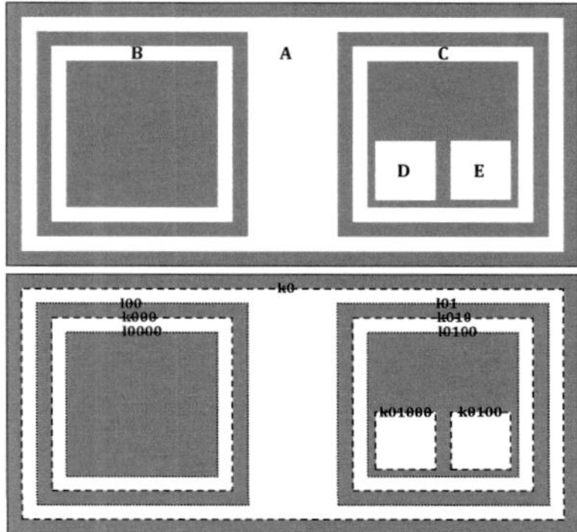

Abb. 2.11: Darstellung von äußeren Konturen (gestrichelte Linien) und Lochgrenzen (gepunktete Linien) nach der Border-Following-Methode.

oben: Testbild vor der Konturverfolgung.

unten: Ergebnis nach der Konturverfolgung.

wurden nach ihrer Leistungsfähigkeit die beste Funktion für die Kontur zu finden, die beste Methode die gewählte Funktion zu optimieren und die gewählte Methode optimal implementieren zu können, beurteilt [108]:

- *Algebraische Distanzmethode*: Wird diese Methode verwendet, um eine Ellipse so nah wie möglich an die reale Objektkontur anzupassen, erhält man zwar eine geschlossene Lösung, jedoch ist diese Methode vom physikalischen oder statistischen Punkt aus gesehen nicht geeignet.

- Werden *orthogonale Least-Square-Schätzmethoden* für das Ellipsenfitting verwendet, werden die Ellipsen zwar fast fehlerfrei an die Kontur angepasst, jedoch ist diese Methode schwer zu implementieren.

- *Renormalisierungsschätzer* eignen sich besonders bei großen Datensätzen, da dieser die statistische Verzerrung bei der Schätzung korrigieren kann.

- Werden die Datensätze seriell aufgenommen, sind die *Kalman-Filter-Methoden* geeignet, da sie vor allem die Datenunsicherheit in der Berechnung berücksichtigen.

- *Clustering* oder *Houghtransformation* eignen sich, wenn in den Datensätzen Ausreißer auftauchen, denn diese Methoden gelten als robust. Voraussetzung für die Verwendung einer dieser Methoden ist, dass die Anzahl der zu schätzenden Parameter klein sein muss.

- Bei geringer Anzahl von Ausreißern in den Datensätzen, deren Werte nicht stark vom wahren Wert abweichen, sind die *M-Estimatoren* oder die *Least-Median-of-Squares Methoden* zu empfehlen.

Letztere erwähnten Methoden werden häufig angewendet, da sie leicht zu implementieren sind. Das Ergebnis des Ellipsenfittings wird bei OpenCV in Form eines Rechtecks, in dem sich die angepasste Ellipse befindet, dargestellt [103].

3 Fertigung dreidimensional nanostrukturierter und superhydrophober mikrofluidischer Systeme für Tröpfchen

3.1 Tröpfchenabriss

Bereits in Kap. 2.2.1 wurde der Tröpfchenabriss in einem passiven Zwei-Phasen-System an einer T-Kreuzung erörtert. Nachfolgend wird der Vorgang der Tröpfchenbildung untersucht, wobei die für den Tröpfchenabriss verantwortlichen Parameter experimentell bestimmt werden, um sie mit den theoretischen Modellen abzugleichen. Vor allem der Einfluss der Oberflächentopografie, der die Grenzflächeneffekte entscheidend beeinflusst und damit auch die Tröpfchenbildung, soll durch numerische Simulation besser verstanden werden. Die Erkenntnisse aus den Experimenten und der Simulation werden genutzt, um einen geeigneten Entwurf und einen dazu passenden Fertigungsablauf für ein Tröpfchengenerierungssystem, das monodisperse Tröpfchen erzeugt, zu entwickeln.

3.1.1 Experimentelle Bestimmung der Parameter

Tröpfchenbildung ist ein alltägliches Phänomen. Es ist allgmein bekannt, wie sich Regentropfen bilden, oder warum sich Tropfen vom Wasserhahn ablösen. Im Falle von Tröpfchenbildung in mikrofluidischen Systemen ist dieser Vorgang noch nicht vollständig verstanden, da nicht bekannt ist, wie groß der Einfluss von Grenzflächeneffekten für die Generierung von Tröpfchen ist. Daher ist es notwendig, die an der Tröpfchengenerierung beteiligten Parameter experimentell zu bestimmen. Die Tröpfchenbildung in passiven Systemen kann, wie in Kap. 2.2.1 beschrieben, auf zwei Arten erfolgen:

- an einem *Flow-Focusing-Device* oder

- an einer *T-Kreuzung*.

Im Rahmen dieser Arbeit wurden Tröpfchen an einer T-Kreuzung generiert. Die einfache Auslegung und Fertigung dieses Tröpfchengenerierungsprinzips waren ausschlaggebend. Für die Ermittlung der Tröpfchenabrissparameter sind aus Polymethylmethacrylat

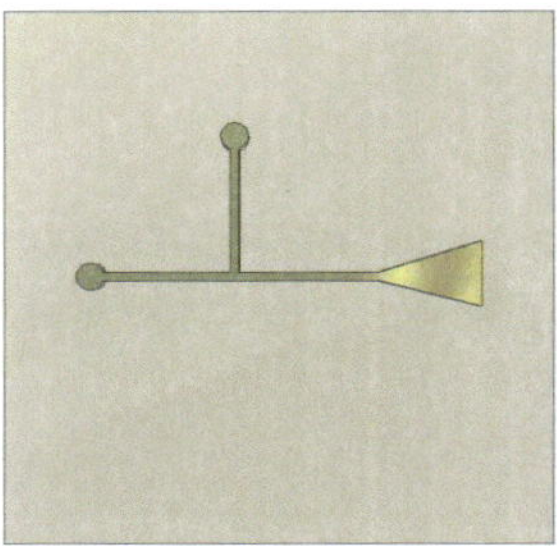

Abb. 3.1: Kanalsystem mit T-Kreuzung zur Erzeugung von Tröpfchen.

(PMMA) Testkanalsysteme gefräst worden (s. Abb. 3.1). Das Kanalsystem besteht aus einem 500 μm breiten Hauptkanal, der später die kontinuierliche Phase fördert, und einem 100 μm breiten Seitenkanal, der senkrecht zum Hauptkanal liegt und die disperse Phase fördert. Die Kanäle sind jeweils 100 μm tief. Am Ende des Hauptkanals mündet dieser in einem Reservoir, in dem sich die generierten Tröpfchen sammeln. Die flüssigen Medien wurden mit Spritzenpumpen (Fa. cetoni, Nemesys) in das System gefördert, so dass sich ein druckbetriebenes Strömungsprofil ergab. Für die kontinuierliche Phase sind zum einen Tetradekan und zum anderen Luft, für die disperse Phase destilliertes Wasser verwendet worden. In späteren Versuchsreihen wurde der dispersen Phase $0,2\,\mathrm{Gew}\cdot\%$ Tween 20 (Polysorbat-20, nichtionisches Tensid, wird im pharmazeutischen und biochemischen Bereich als Emulgator oder Netzmittel verwendet) beigemengt und mehrere Minuten im Becherglas mechanisch verrührt.

Die Tröpfchenbildung wurde sowohl für die kontinuierliche Phase als auch für die disperse Phase innerhalb des Flussratenbereichs von $0,001\,\mathrm{ml}\cdot\mathrm{min}^{-1}$–$0,02\,\mathrm{ml}\cdot\mathrm{min}^{-1}$ untersucht. Die Flussratenänderung erfolgte in Schritten von $0,001\,\mathrm{ml}\cdot\mathrm{min}^{-1}$. Der Versuch wurde wie folgt durchgeführt: Zunächst wurde die Flussrate der dispersen Phase konstant gehalten, während die Flussraten der kontinuierlichen Phase den oben angegebenen Bereich durchlief. Nachdem der maximale Flussratenwert der kontinuierlichen Phase erreicht war, wurde der Wert der dipersen Phase um $0,001\,\mathrm{ml}\cdot\mathrm{min}^{-1}$ erhöht und die Flussraten der kontinuierlichen Phase durchliefen erneut den festgelegten Bereich. Dieser Vorgang wurde solange wiederholt, bis die disperse Phase den maximalen Flussratenwert erreichte. Gemessen wurde die Tröpfchenanzahl pro Minute, die per Video-

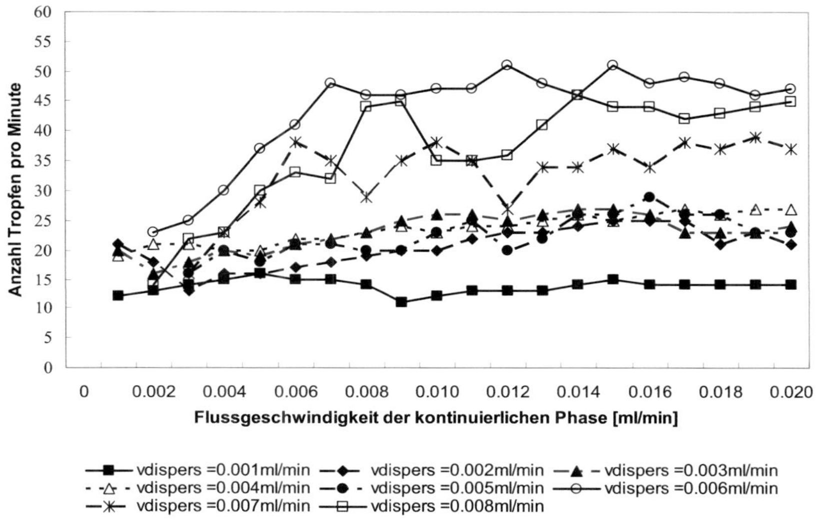

Abb. 3.2: Tröpfchendiagramm: Tröpfchenanzahl pro Minute über der Flussrate der kontinuierlichen Phase aufgetragen.

analyse bestimmt wurde. Während der gesamten Versuchsreihe wurde die Temperatur konstant auf 20 °C gehalten.

Nach diesem Vorgehen wurden Tetradekan-Wasser-Gemische, später Tetradekan-Wasser + Tween 20-Gemische und Luft-Wasser-Gemische untersucht. In Abb. 3.2 sind die Ergebnisse der Videoanalyse dargestellt. Zu diesem Zeitpunkt der Arbeit gab es keine Möglichkeit das Tröpfchenvolumen bzw. den Tröpfchendurchmesser präzise zu bestimmen, so dass nur eine qualitative Abschätzung dieser Größen anhand der Videos durchgeführt wurde. Aus dem Diagramm wird deutlich, dass mit steigender Flussrate die Tröpfchenanzahl zunimmt. Gleichzeitig sinkt der Tröpfchendurchmesser. Bei der Untersuchung der Videosequenzen wurde beobachtet, dass die disperse Phase im Falle des reinen Tetradekan-Wasser- und des Luft-Wasser-Gemischs an den Kanalwänden entlang kriecht, wodurch der Tröpfchenabriss gestört wurde. Das Entlangkriechen der dispersen Phase an der Kanalwand ist auf die erhöhten Adhäsionskräfte zwischen der dispersen

Phase und der Kanalwand zurückzuführen. PMMA ist von Natur aus hydrophil. Diese Eigenschaft wird durch den Fertigungsprozess der Kanäle verstärkt. Beim Fräsen entstehen Fräsriefen, die das Kriechen der dispersen Phase an der Wand begünstigen. Daraus folgt der maßgebliche Parameter bei der Tröpfchenbildung: die Oberflächentopografie. Mit ihrer Hilfe lässt sich auch der Benetzungszustand des tröpfchenbasierten, mikrofluidischen Kanalsystems beeinflussen. Mit anderen Worten, je geringer die Adhäsionskräfte zwischen der dispersen Phase und der Kanalwand sind, desto periodischer verläuft der Tröpfchenabriss. Auch für die Tröpfchenbewegung ist ein wasserabweisender Benetzungszustand an den Kanalwänden förderlich, da sich die Tröpfchen ungehindert fortbewegen, ohne die nachfolgenden Tröpfchen zu beeinflussen. Durch die Zugabe von Tween 20 wurde der Tröpfchenabriss verbessert. Es wurden höhere Tröpfchenraten beobachtet, da durch Anlagerung der amphiphilen Netzmittelmoleküle an der dispersen Phasengrenzfläche, die Adhäsion zur Kanalwand reduziert wurde.

Ein weiterer Einflussfaktor bei der Tröpfchenbildung ist die Viskosität. Sie spiegelt sich in der Kapillarzahl wider: Je viskoser die disperse Phase, desto erschwerter verläuft der Tröpfchenabriss. Darüber hinaus beeinflusst die Temperatur die Tröpfchenbildung, da sich mit der Temperatur die Viskosität des Mediums ändert. Zusammengefasst sind folgende Einflussgrößen am Tröpfchengenerierungsprozess beteiligt:

- die Flussraten der kontinuierlichen und dispersen Phase,

- das Flussratenverhältnis der beiden flüssigen Medien,

- die Oberflächentopografie des tröpfchenbasierten, mikrofluidischen Systems,

- der dispersen Phase beigemengte Netzmittel,

- die Viskosität und damit verbunden die Temperatur der Medien.

Ausschlaggebend ist, wie bereits mehrfach angeführt, der Einfluss der Oberflächentopografie. Die Größe des Einflusses konnte allerdings mit den oben genannten Vesuchsreihen nicht geklärt werden. Aus diesem Grunde wurde dieser Parameter durch numerische Simulation genauer untersucht.

3.1.2 Simulation des Tropfenabrisses auf hydrophilen und superhydrophoben Oberflächen

Die Simulation des Tröpfchenabrisses erklärt die unterschiedlichen Tropfenformen und Tropfenabrissvorgänge in einem hydrophilen und in einem superhydrophoben Kanalsystem. Für die Simulation wurde COMSOL Multiphysics verwendet. Es ist gegenüber anderen Programmen, wie beispielsweise ANSYS, überlegen, da es durch die Kombination zweier numerischer Methoden, der Level-Set-Methode und der Volume-of-Fluid-Methode, die Grenzflächen des Tröpfchens präzise verfolgt, ohne das Massenerhaltungsgesetz zu verletzen.

Dem numerischen Simulationsmodell wurde der Tröpfchenabriss in einem Zwei-Phasen-System an einer T-Kreuzung, deren Hauptkanal und Seitenkanal jeweils Kanalbreiten und -tiefen von $100\,\mu m$ besitzen, zugrunde gelegt. Für die Bewegungsgleichung wurden inkompressible Flüssigkeiten mit konstanter Dichte ρ angenommen. Die Geschwindigkeit u, mit der der Druck p zusammenhängt und die Viskosität η waren zeitabhängig. Darüber hinaus hing die Bewegungsgleichung von den Grenzflächenkräften F_{st} ab (s. Gl. 3.1):

$$\rho \left(\frac{\partial u}{\partial t} + u \cdot \nabla u \right) - \nabla \left[\eta (\nabla u + \nabla u^T) \right] + \nabla p = F_{st} \tag{3.1}$$

Ebenso wurde das Massenerhaltungsgesetz berücksichtigt:

$$\nabla u = 0 \tag{3.2}$$

Die Erfassung der Grenzfläche zwischen den Medien erfolgt mit der Level-Set-Methode folgendermaßen:

$$\frac{\partial \phi}{\partial t} + u \cdot \nabla \phi = \gamma \nabla \cdot \left(-\phi (1 - \phi) \frac{\nabla \phi}{|\nabla \phi|} + \varepsilon \nabla \phi \right) \tag{3.3}$$

In der obigen Gleichung bezeichnet ϕ die Level-Set-Funktion mit den numerischen Stabilisierungsfaktoren γ und ε. Aus Gl. 3.3 geht hervor, dass die Erfassung der Grenzfläche linear von der Geschwindigkeit des Mediums abhängt. Die Level-Set-Methode ist imstande, die Grenzflächenspannung, die Volumen- und Reaktionskräfte an der Grenzfläche und die Bewegungsgleichung der Grenzfläche, die von u abhängt, zu berechnen. Die Grenzflächenposition wird durch die Normaldistanz der Grenzfläche ϕ zum Gitterpunkt bestimmt. Sie resultiert aus einer Glättungsfunktion. Um numerische Instabilität bei der Berechnung der Glättungsfunktion zu verhindern, muss gewährleistet sein, dass die Grenzflächendicke einen stabilen Wert behält. Damit die Distanzfunktion zu jedem Zeitpunkt den selben Wert aufweist, muss nach jedem Zeitschritt eine Reinitialisierung vorgenommen werden, da beispielsweise durch Tröpfchenvereinigung die Grenzfläche ϕ irregulär werden würde. Die Irregularität rührt von der Verletzung des Massenerhaltungsgesetzes. Die Folgen wären instationäre Geschwindigkeiten und der Verlust der charakteristischen Tröpfchenform. Durch die Reinitialisierung, die durch die Volume-of-Fluid-Methode erfolgt, wird gewährleistet, dass das Massenerhaltungsgesetz nicht verletzt wird. Die Dichte ρ und die Viskosität η der Medien lassen sich mittels Gl. 3.4 und Gl. 3.5 bestimmen, wobei ρ_1, ρ_2, η_1 und η_2 die jeweiligen Dichten und Viskositäten des Mediums 1 und des Mediums 2 bezeichnen.

$$\rho = \rho_1 + (\rho_2 - \rho_1)\phi \tag{3.4}$$

$$\eta = \eta_1 + (\eta_2 - \eta_1)\phi \tag{3.5}$$

Die Randbedingungen für das zu lösende Gleichungssystem ergeben sich sowohl aus den Strömungsbedingungen als auch aus den Benetzungszuständen in den Kanälen. Die Medien werden durch Pumpen in das System gefördert, woraus parabolische Geschwindigkeitsprofile am Hauptkanal und im senkrecht zum Hauptkanal liegenden Seitenkanal folgen. Am Ausgang herrscht Atmosphärendruck. Für den Benetzungszustand zwischen Fluid und Kanalwand ist im hydrophilen Fall ein Kontaktwinkel von $73°$, dies entspricht dem Kontaktwinkel von PMMA, für den superhydrophoben Fall Kontaktwinkel von $135°$ und $163°$, gewählt worden. Um die Geschwindigkeit des Fluids an der Kanalwand festzulegen, muss die Gleitlänge festgelegt werden. Die Gleitlänge ist als der Abstand, der sich aus der Position außerhalb der Kanalwand, wo die extrapolierte Tangentialgeschwindigkeitskomponente gleich Null wird, definiert. Daraus ergibt sich, dass die Gleitlänge genauso groß wie die Gitternetzgröße gewählt wird. Für die Dichten und Viskositäten der Medien sind die jeweiligen Werte für Wasser und Tetradekan gewählt worden, für die Geschwindigkeit der dispersen Phase ist eine Maximalgeschwindigkeit von $8,3\,\text{mm} \cdot \text{s}^{-1}$ und für die kontinuierliche Phase die doppelte Geschwindigkeit festgelegt worden. Das rechteckige Gitternetz hat an der T-Kreuzung, an der die Tröpfchenbildung erfolgt, eine maximale Gitternetzauflösung von 100×100.

Die Ergebnisse der Berechnung des Tröpfchenabrisses in hydrophilen und superhydrophoben Kanalsystemen, sind in Abb. 3.3 dargestellt. Im Falle des Tröpfchenabrisses in

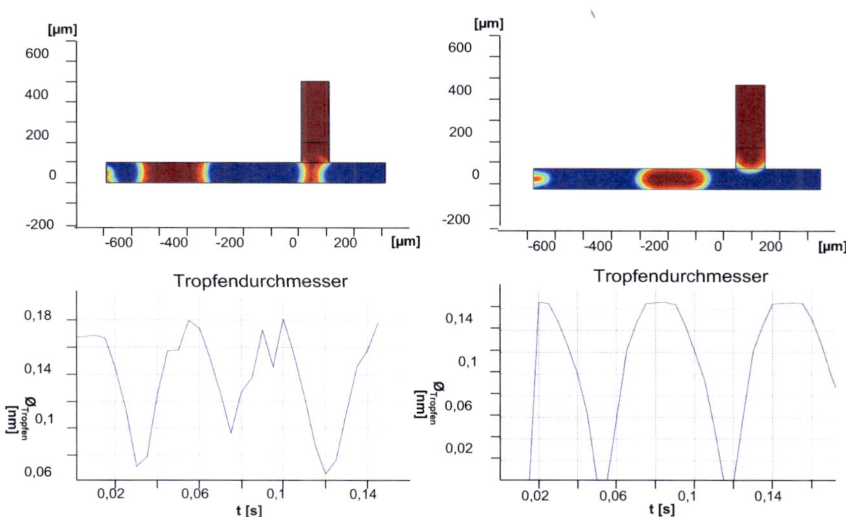

Abb. 3.3: Ergebnisse der Simulation des Tröpfchenabrisses:

links oben: Hydrophilen Kanalwände: konkave Tröpfchenform.

links unten: Der Tröpfchenabriss erfolgt in den hydrophilen Kanalsystemen unregelmäßig, folglich besitzen die Tröpfchenvolumina keinen konstanten Wert.

rechts oben: Superhydrophobe Kanalwände: Elliptische Tröchpfenform.

rechts unten: Der Tröpfchenabriss im superhydrophoben System erfolgt periodisch mit konstantem Tröpfchenvolumen.

hydrophilen Kanalsystemen ist die Tröpfchenform konkav. Wird der Tröpfchendurchmesser Φ über der Zeit t aufgetragen, geht aus dem Diagramm hervor, dass der Tröpfchenabriss nicht periodisch verläuft. Der Tröpfchendurchmesser, der mit dem Tröpfchenvolumen korreliert, besitzt keinen festen Wert. Wird der Benetzungszustand derart verändert, dass er wasserabweisend ist (s. Abb. 3.3 rechts), geht die Tröpfchenform von konkav zu elliptisch über. Zudem führt der superhydrophobe Benetzungszustand zu einem periodischen Tröpfchenabriss mit konstantem Durchmesser und konstantem Tröpfchenvolumen.

3.2 Entwurf und Fertigung dreidimensional nanostrukturierter Mikrokanäle

Die Ergebnisse aus den Tröpfchengenerierungsversuchen und der numerischen Simulation zeigen, dass die Oberflächentopografie über einen maßgeblichen Einfluss auf den Entwurf und die Fertigung tröpfchenbasierter mikrofluidischer Systeme verfügt. Die Benetzung des Systems verändert sowohl die Tröpfchenform als auch den Tröpfchenabriss. Er kann durch die Verwendung wasserabweisender Materialien so beeinflusst werden, dass der Tröpfchenabriss periodisch mit konstantem Volumen erfolgt. Nachfolgend wird das Vorgehen für die Konzeption wasserabweisender Strukturen und ein für thermoplastische Folien angepasster Fertigungsprozess erläutert. Die Besonderheit des Fertigungsprozesses liegt in der dreidimensionalen Integration der wasserabweisenden Strukturen in ein mikrofluidisches System.

3.2.1 Entwurf einer superhydrophoben Oberflächentopografie

Der Entwurf der superhydrophoben Oberflächen ist abhängig von den verwendeten Materialien. Da die im Rahmen dieser Arbeit vorgestellten Systeme für biologische Anwendungen verwendet werden, müssen die Materialien biokompatibel und sterilisierbar sein (s. Kap.3.2.4). Des Weiteren sollen die Systeme für den einmaligen Gebrauch konzipiert werden, weshalb sie kostengünstig hergestellt werden müssen. Letztere Anforderung beschränkt die Wahl der Materialien auf Polymere. Sie lassen keine materialzerstörenden oder materialabtragenden Fertigungsverfahren zu, so dass stochastisch verteilte Strukturen ausgeschlossen werden. Allerdings eignen sie sich, um sie durch physikalische Strukturierung zu modifizieren.

Grundlage bei der Ermittlung des optimalen Strukturmusters ist das Cassie-Baxter-Modell. Gemäß dieses Modells schwebt das Tröpfchen auf einer heterogenen Oberfläche (s. Kap. 2.3). Diese heterogene Oberfläche besteht aus Festkörperanteilen, die das Tröpfchen als Rauheitsspitzen wahrnimmt und Luftpolster, die sich zwischen den Rauheitsspitzen befinden. Die Luftpolster verhindern, dass das Tröpfchen in die Kavitäten eindringt. Hierfür muss gewährleistet sein, dass der kritische Druck p_c stets höher ist als der Druck $p_{Tropfen}$, der durch das Eigengewicht des Tröpfchens resultiert (s. Gl. 3.6). Der kritische Druck wird negativ angenommen, da er der Gewichtskraft des Tropfens entgegenwirkt. Er hängt von der Grenzflächenspannung γ_{LG}, dem Kontaktwinkel Θ, den das Tröpfchen

Tab. 3.1: Übersicht der untersuchten Strukturmuster hinsichtlich des kritischen Drucks p_c und des Festkörperflächenanteils f.

Strukturmuster	kritischer Druck p_c	Flächenanteil f
Gitter	$-\gamma_{LG}\cos\Theta\frac{4}{D}(1-\frac{1}{\sqrt{1-f}})$	$1-\frac{W^2}{(W+D)^2}$
Waben	$-\gamma_{LG}\cos\Theta\frac{4}{D}(1-\frac{1}{\sqrt{1-f}})$	$1-\frac{W^2}{(W+D)^2}$
zylindrische Löcher in rechteckiger Matrix	$-\gamma_{LG}\cos\Theta\frac{4}{D}(1-\frac{0.91}{\sqrt{1-f}})$	$1-\frac{\Pi}{2\sqrt{3}}\frac{W^2}{(W+D)^2}$
quadratische Säulen in rechteckiger Matrix	$-\gamma_{LG}\cos\Theta\frac{4}{D(1-\frac{1}{f})}$	$\frac{D^2}{(W+D)^2}$
zylindrische Säulen in rechteckiger Matrix	$-\gamma_{LG}\cos\Theta\frac{4}{D(1-\frac{1}{f})}$	$\frac{\Pi}{4}\cdot\frac{D^2}{(W+D)^2}$
zylindrische Säulen in hexagonaler Matrix	$-\gamma_{LG}\cos\Theta\frac{4}{D(1-\frac{1}{f})}$	$\frac{D^2}{2\sqrt{3}(W+D)^2}$
Kombination aus Gitter und quadratischen Säulen	$-\gamma_{LG}\cos\frac{2}{D(1-\frac{1}{f})}$	$2\frac{D}{W+D}$

mit den Strukturen ausbildet, als auch von einem geometrischen Verhältnis, das durch den Umfang L_{cp} und der Strukturfläche A_{cp} beschrieben wird, ab.

$$p_c = -\gamma_{LG}\cos\Theta\frac{L_{cp}}{A_{cp}} \geq p_{\text{Tropfen}} \tag{3.6}$$

Ein weiteres Kriterium ist, dass die Festkörperflächenanteile f, auf denen der Tropfen aufliegt, derart gestaltet sind, dass sich ausreichend große Luftpolster ausbilden, ohne dass die Tröpfchenflüssigkeit in die Kavitäten eindringt. Folglich steigt der kritische Druck auf einen Wert, der höher ist als der Druck, der sich durch das Eigengewicht des Tropfens ergibt.

Anhand dieser beiden Kriterien sind verschiedene Strukturmuster evaluiert worden (s. Tab. 3.1 und Abb. 3.4). Das einzige Strukturmuster, das beide Kriterien erfüllt, d. h., bei gleichzeitig kleiner Auflagefläche f für das Tröpfchen einen hohen kritischen Druck erzielt, sind zylindrische Säulen im hexagonalen Gitter (s. Abb. 3.4f). Der kritische Druck hängt in diesem Fall vom Säulendurchmesser D und vom Flächenanteil f ab (s. Gl. 3.7).

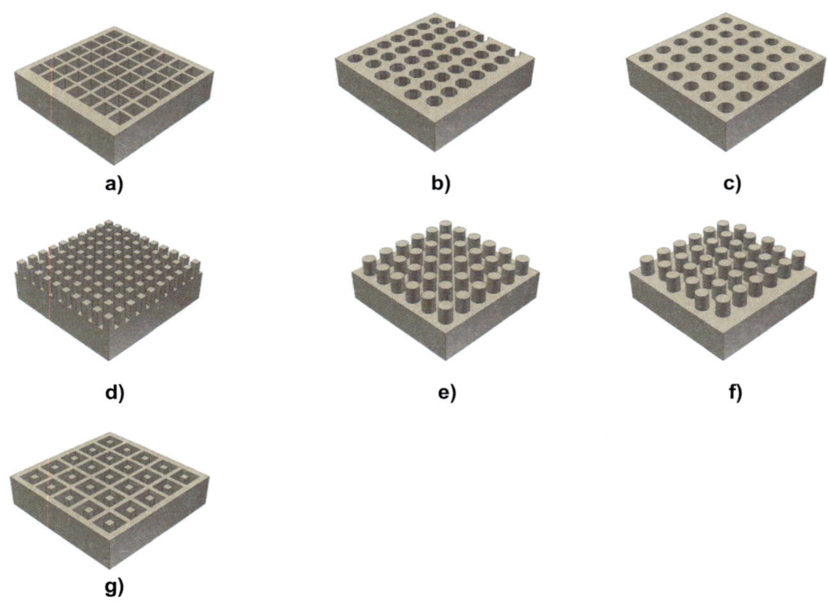

Abb. 3.4: Strukturmuster untersucht nach dem höchsten kritischen Druck p_c bei gleichzeitig
kleinster Auflagefläche f für das Tröpfchen: **a)** Gitter **b)** Waben **c)** zylindrische Löcher
in rechteckiger Matrix **d)** quadratische Säulen in rechteckiger Matrix **e)** zylindrische
Säulen in rechteckiger Matrix **f)** zylindrische Säulen in hexagonaler Matrix **g)** Kombination aus Gitter und quadratischen Säulen.

Der Flächenanteil wiederum hängt vom Durchmesser D und dem Abstand W der Säulen
zueinander ab (s. Gl. 3.8).

$$p_c = -\gamma_{LG} \cos\Theta \frac{4}{D(1 - \frac{1}{f})} \tag{3.7}$$

$$f = \frac{D^2}{2\sqrt{3}(W + D)^2} \tag{3.8}$$

Für die Ermittlung der optimalen Strukturdimensionen, wurden die beiden Gleichungen
in zwei Diagrammen (s. Abb. 3.5) dargestellt und durch Optimierungsberechnungen bestimmt. Es folgte, dass der Säulendurchmesser 200 nm und der Säulenabstand doppelt so
groß wie der Säulendurchmesser sein muss. Die Strukturhöhe wird fertigungsabhängig

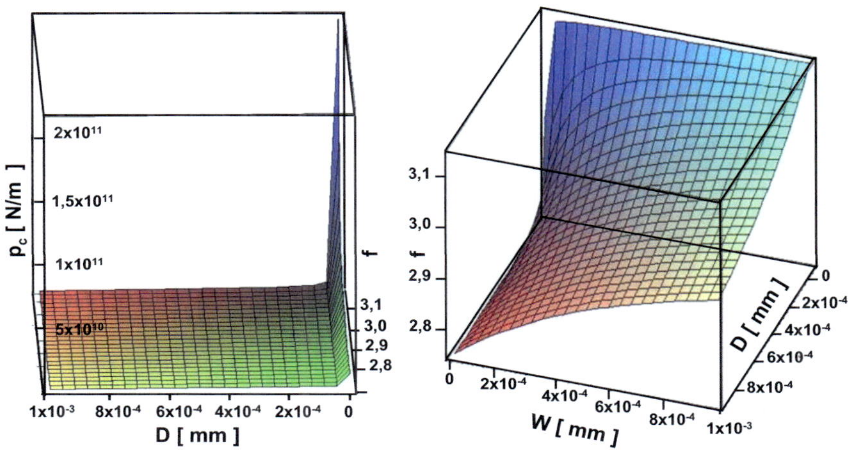

Abb. 3.5: Dimensionierung der Säulendurchmesser D und des Säulenabstandes W.

> **links**: Der kritische Druck p_c in Abhänigkeit vom Säulendurchmesser D und vom Flächenanteil f aufgetragen.

> **rechts**: Der Flächenanteil f in Abhängigkeit vom Abstand der Säulen W und dem Säulendurchmesser D dargestellt.

festgelegt, wobei ein Aspektverhältnis von 1 nicht unterschritten werden darf.
 Die fertigungstechnische Umsetzung der zylindrischen Säulen mit diesen Dimensionen erfolgt derart, dass die Strukturen

- kostengünstig,

- flexibel,

- schnell und

- einfach

gefertigt werden können. Um den genannten Anforderungen an die Herstellung dreidimensional nanostrukturierter und superhydrophober mikrofluidisches System, gerecht zu werden, sind Master erforderlich. Über geeignete Replikationsverfahren werden die Masterstrukturen kostengünstig in Polymere strukturgetreu abgeformt und in das mikrofluidische System integriert.

3.2.2 Fertigungsablauf

Der vollständige Fertigungsablauf für die Herstellung dreidimensional nanostrukturierter und superhydrophober mikrofluidischer Systeme ist in Abb. 3.6 dargestellt. Für die kostengünstige Herstellung von nanostrukturierten Oberflächen, die wasserabweisende Eigenschaften besitzen, dienen Shimformeinsätze als Master für die Replikation in thermoplastische Kunststofffolien. Die Replikation erfolgt über Vakuumheißprägen und die Integration der nanostrukturierten und superhydrophoben Kunststoffolien durch Thermoformen. Während dieses Umformvorgangs wird die strukturierte Folie in ein mikrofluidisches Kanalsystem, das sich als Negativform auf einer Kulissenmaske befindet, eingeformt.

3.2.3 Shimherstellung

In dieser Arbeit wurden zwei unterschiedliche Lithografieverfahren für die Erzeugung der Submikrometerstrukturen angewendet und miteinander verglichen: die *Elektronenstrahllithografie* und die *Interferenzlithografie*. In beiden Fällen sind zylindrische Säulen mit einem Säulendurchmesser von 200 nm und einem Säulenabstand, der von Mittelpunkt zu Mittelpunkt 400 nm beträgt, in einem hexagonalen Gitter erzeugt worden. Das Aspektverhältnis liegt aus fertigungstechnischen Gründen zwischen 1–2. Trotz ungleichem Lithografieverfahren ist in beiden Fällen der Ablauf der Shimfertigung, der in Abb. 3.7 für die Elektronenstrahllithografie dargestellt ist, nach der Strukturierung des Resists gleich.

Elektronenstrahllithografisch strukturierte Shimformeinsätze

Gemäß des dargestellten Fetigungsablaufs wurden Siliziumsubstrate, die zunächst mit 70 nm Titanoxid später mit 70 nm Titan beschichtet wurden, als Basis für die nachfolgenden Prozesse verwendet. Auf dieses Substrat wurde eine ca. 300 nm dicke PMMA-

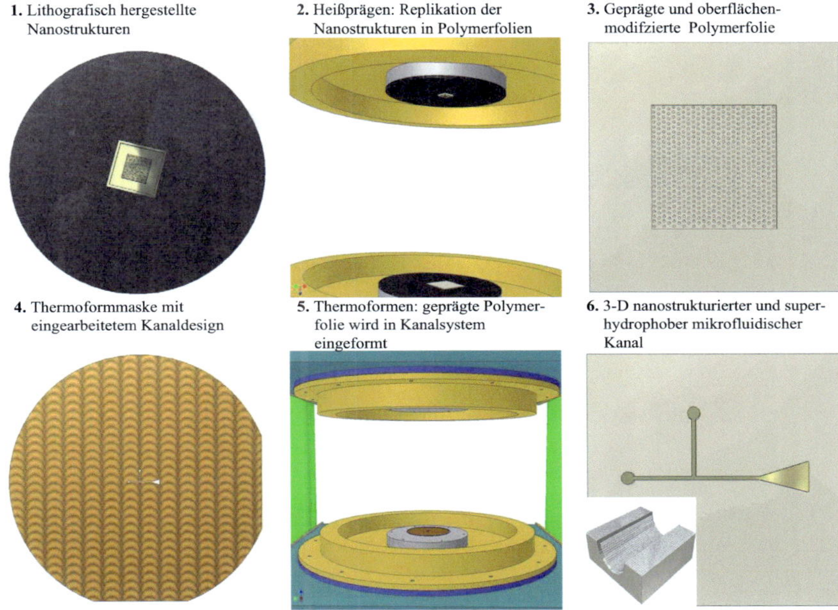

Abb. 3.6: Fertigungsablauf für die Herstellung von dreidimensional nanostrukturierten und superhydrophoben mikrofluidischen Systemen [109]

Resistschicht aufgeschleudert und bei $100\,°C$ auf der Hotplate ausgebacken. Anschließend erzeugte der Elektronenstrahlschreiber eine Strukturfläche von $20 \times 20\,\text{mm}^2$, die weiterhin in Strukturfelder von $100 \times 100\,\mu\text{m}^2$ aufgeteilt war. Die Strukturfelder bestanden aus zylindrischen Säulen im hexagonalen Gitter. Zur Verkürzung der Schreibzeit, ist die Strukturfläche in Grob- und Feinlayer, die jeweils mit unterschiedlichen Dosen belichtet wurden, unterteilt. Die belichteten Strukturen sind mit einem geeigneten Entwicklersystem (Isopropanol/Methylbutylketon im Verhältnis 1:1) entwickelt worden. Auf die Strukturen wurde eine 5 nm dicke Chromschicht, die die Haftung zwischen dem Resist und der folgenden 30 nm dicken Goldgalvanikstartschicht gewährleistet, aufgedampft. Auf dieser Start- und Haftschicht wuchs eine homogene Nickelschicht auf. Die Stromstärke im Elektrolytbad (borsäurehaltiger Nickelsulfamatelektrolyt, $T = 52°$, pH-Wert: 3,4–3,6) war anfangs auf 150 mA (entspricht einem Nickelschichtwachstum von $50\,\text{nm} \cdot \text{min}^{-1}$, $0{,}25\,\text{A}/\text{dm}^2$) eingestellt, nach zwei Stunden auf 303 mA (entspricht

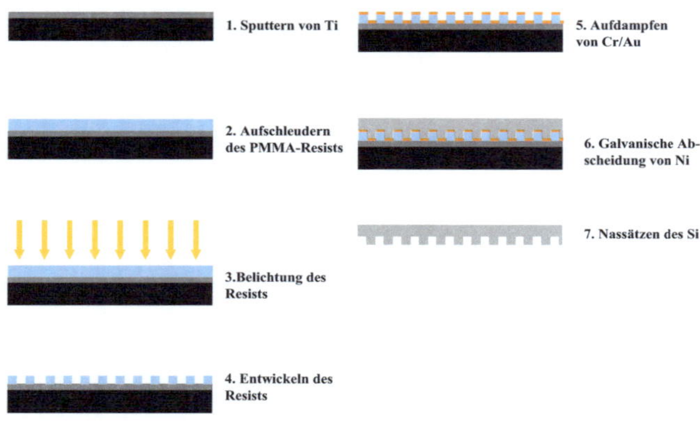

Abb. 3.7: Fertigungsprozessablauf für die Herstellung des Shimformeinsatzes aus Nickel

einem Schichtwachstum von $100\,\mathrm{nm}\cdot\mathrm{min}^{-1}$, $0{,}5\,\mathrm{A/dm^2}$) und letzendlich auf $608\,\mathrm{mA}$ (entspricht einem Schichtwachstum von $200\,\mathrm{nm}\cdot\mathrm{min}^{-1}$, $1{,}0\,\mathrm{A/dm^2}$) erhöht. Die galvanische Abscheidung von Nickel wurde bei einer Schichtdicke von ca. $500\,\mathrm{\mu m}$ beendet. Um den Shimformeinsatz vom Substrat zu trennen, wurde der Sandwichverbund in eine 30 %-ige Kaliumhydroxidlösung (KOH) bei $80\,^{\circ}\mathrm{C}$ gelegt. Durch das KOH löste sich das Silizium auf und der Shim mit den Strukturen wurde freigelegt. Die auf dem Shimformeinsatz verbliebenen Chrom- und Goldschichten wurden zunächst mit Chrom- und Goldätze jeweils entfernt. In späteren Versuchen verblieben Gold und Chrom auf dem Shim. Abschließend wurden die Resistreste mit Aceton aus den Kavitäten entfernt. Die Untersuchung der Strukturqualität auf dem Shim erfolgte durch Rasterelektronenmikroskopaufnahmen.

In Abb. 3.8 und 3.9 sind die Ergebnisse der Shimfertigung dargestellt. In den ersten vier Abbildungen wird der Einfluss eines schnellen Nickelschichtaufbaus auf die Korngröße sichtbar. Die Korngrenzen sind zum Teil doppelt so groß wie die eigentlichen Strukturen. Dies beeinträchtigt die Replikation. Des Weiteren geht aus der linken oberen Abbildung 3.8 hervor, dass der Strukturgrund zusätzlich Rauheiten aufweist. Die Rauheit resultiert aus dem aufgedampften Titanoxid auf der Oberfläche des verwendeten Sub-

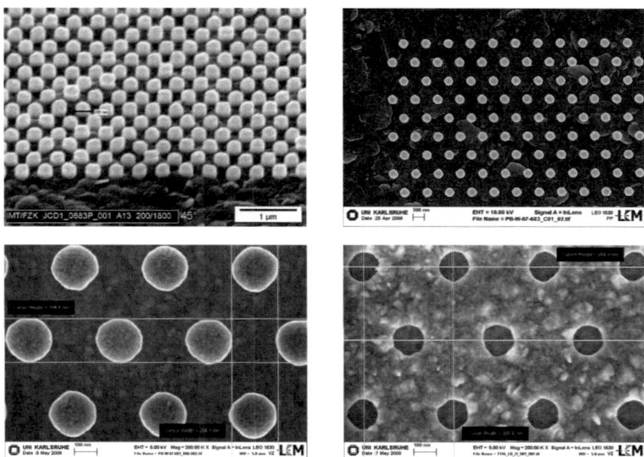

Abb. 3.8: REM-Aufnahmen der Strukturen auf dem Nickelshim, die große Korngrößen aufweisen.

links oben: Shimformeinsatz unter 45° betrachtet

rechts oben: 10,000-fache Vergrößerung des Shimformeinsatzes: 8×11 hexagonales Feld mit 200 nm Säulen im Durchmesser und einem Abstandsmaß von 400 nm

links unten: 200,000-fache Vergrößerung des Feldes auf dem Shimformeinsatzes

rechts unten: 200,000-fache Vergrößerung des Shimformeinsatzes mit einem 4×4 Feld mit 200 nm Löchern im Durchmesser und einem Abstandsmaß von 400 nm.

strats. Rasterkraftmikroskopaufnahmen (AFM) von der Titanoxidschicht unterstreichen dies. In Abb. 3.10 ist das Rauheitsprofil einer aufgedampften Titanoxidschicht abgebildet. Die Rauheitsspitzen sind zum Teil bis zu 163 nm hoch, was mehr als die Hälfte der Schichtdicke beträgt. Um die angeführten Probleme zu beseitigen, wurden folgende Maßnahmen ergriffen:

- Es wurde auf Titanoxid als Haftschicht zwischen Substrat und Resist verzichtet, da das Titanoxid zu rauh für die geforderten Strukturen ist. Statt dessen wurde eine weniger raue 70 nm dünne Titanschicht als Haftvermittler aufgedampft.

- Um die Korngrenzen zu verkleinern und um die „wurmartigen" Gebilde zu beseitigen, wurde das Nickelwachstum von $5 \, \mathrm{nm} \cdot \mathrm{min}^{-1}$ über $10 \, \mathrm{nm} \cdot \mathrm{min}^{-1}$ sukzessive

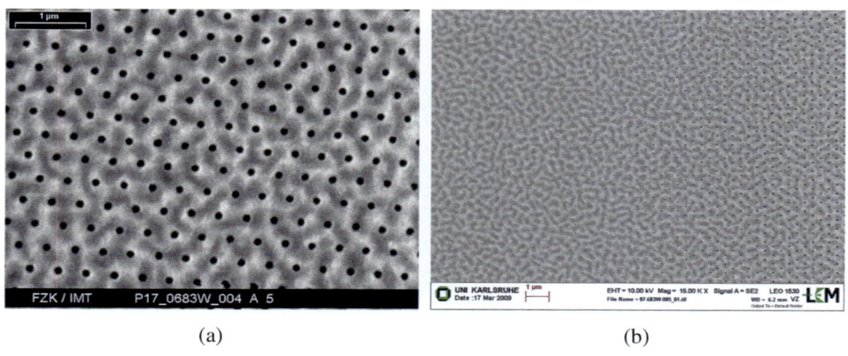

(a)　　　　　　　　　　　　(b)

Abb. 3.9: REM-Aufnahmen der Strukturen auf dem Nickelshim, die „wurmartige" Gebilde auf der Oberfläche aufweisen.

links: 30,000-fache Vergrößerung des Shimformeinsatzes

rechts: 10,000-fache Vergrößerung des Shimformeinsatzes

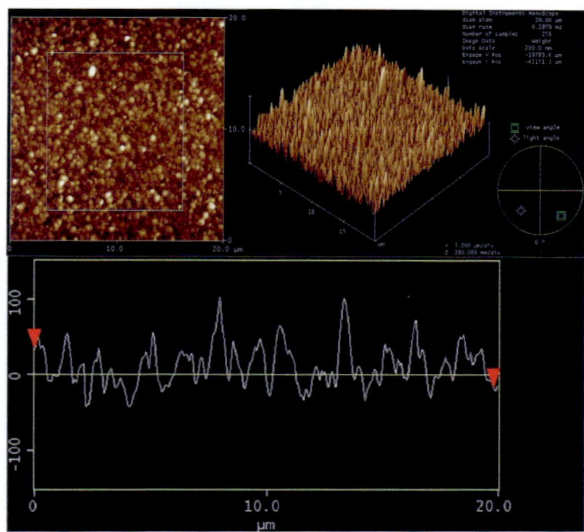

Abb. 3.10: Rauheitsprofil der aufgedampften Titanoxidschicht.

auf einen Wert von $200\,\mathrm{nm} \cdot \mathrm{min}^{-1}$ gesteigert. Dadurch verlangsamte sich der Gal-

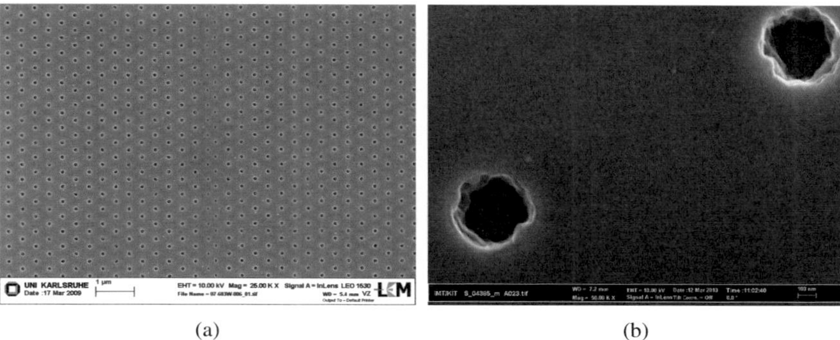

(a)　　　　　　　　　　　　　　　(b)

Abb. 3.11: REM-Aufnahmen der Strukturen eines Shimformeinsatzes nach Prozessierung mit optimierten Prozessparametern.

links: 25,000-fache Vergrößerung des Shimformeinsatzes

rechts: 50,000-fache Vergößerung des Shimformeinsatzes

vanikprozess zugunsten einer besseren Oberflächentopografie der Stirnseite des Shimformeinsatzes.

- Für den Erhalt der glatten Oberflächentopografie des Shimformeinsatzes wird nur das Silizium entfernt. Die Gold- und Chromschicht verbleibt auf dem Shim, da durch das Ätzen dieser Schichten das Nickel angegriffen wurde.

Entsprechend der oben angeführten Optimierungsmaßnahmen wurden alle weiteren Shimformeinsätze prozessiert: Mit dem Resultat, dass weder „wurmartige" Strukturen noch zu große Körner auf der Stirnseite des Shimformeinsatzes sichtbar waren und die Stirnseite sehr glatt wurde (s. Abb. 3.11).

Interferenzlithografisch strukturierte Shimformeinsätze

Lediglich in der Substratvorbereitung, dem Resisttyp und der Belichtungsprozedur unterscheiden sich die beiden Prozessabläufe zur Fertigung eines Shimformeinsatzes. Die Zweistrahlinterferenzlithografie wurde mit denselben Strukturabmessungen wie im elektronstrahllithografischen Fall von der Firma Amo GmbH vollflächig auf 4 Zoll Siliziumsubstraten durchgeführt. Allerdings werden mit diesem Lithografieverfahren nur Linien erzeugt. Für die Erzeugung von zylindrischen Säulen wird das Substrat dreimal um 60°

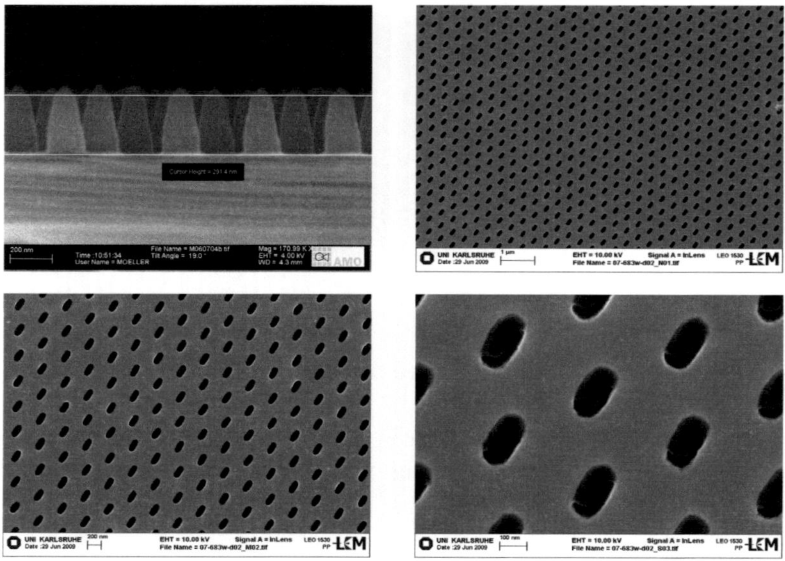

Abb. 3.12: REM-Aufnahmen der interferenzlithografisch strukturierte Submikrometerstrukturen auf einem Shimformeinsatz mit den optimierten Prozessparametern.
links oben: Querschnitt der Nanostrukturen direkt nach der Strukturierung
rechts oben: 25,000-fache Vergrößerung des Shimformeinsatzes
links unten: 50,000-fache Vergrößerung des Shimformeinsatzes
rechts unten: 100,000-fache Vergrößerung des Shimformeinsatzes

gedreht und belichtet. Das Drehen des Substrats erfolgt von Hand, weshalb die Mittelpunktskoordinaten nicht exakt getroffen werden. Die Folge sind elliptische Strukturen (s. Abb. 3.12). Nachdem die Strukturen frei entwickelt worden sind, durchläuft das Substrat den bereits erläuterten und optimierten Prozess. Dies spiegelt sich in der Qualität der Stirnseite des Shims wider (s. Abb. 3.12).

Bei einer Gegenüberstellung der beiden Lithografieverfahren fällt auf, dass in beiden Fällen die Strukturen über die gesamte Strukturfläche sehr gut abgebildet sind. Lediglich die Formtreue ist im Falle der interferenzlithografisch erzeugten Strukturen zu bemängeln. Dieser Makel wird durch die strukturierte Fläche, die in dieser Arbeit 4 Zoll beträgt und in nur einem Belichtungsschritt mit hoher Qualität gefertigt worden ist, kompensiert. Infolgedessen ist das Verfahren kostengünstig und schnell. Diesen beiden Forderungen wird die Elektronenstrahllithografie nicht gerecht, da jede Struktur für sich geschrieben wird. Die Präzision des Verfahrens geht zu Lasten des Zeitfaktors und des Kostenfaktors. Wegen des Zeitfaktors wurden Strukturfeldgrößen von $20 \times 20\,\text{mm}^2$, die für das in dieser Arbeit vorgestellte System ausreichend waren, erzeugt.

3.2.4 Polymerauswahl

Bei der Auswahl geeigneter Polymere für das Heißpräge- und Mikrothermoformverfahren werden nur Thermoplasten, die sich mehrfach verarbeiten lassen, berücksichtigt. Ihr thermisches Verhalten lässt sich in drei Bereiche einteilen. Bei niedrigen Temperaturen befindet sich das Polymer in einem glasartigen Zustand, dessen Zustand sich mit steigender Temperatur in einen viskoelastischen ändert. Bei Erreichen der Glasübergangstemperatur, die für jedes Polymer einen charakteristischen Wert besitzt, fängt das Polymer an zu fließen. Dieser Fließbereich erstreckt sich bis die Schmelztemperatur des Polymers erreicht ist und das Polymer schmilzt. Thermoplastische Polymere werden im Folgenden beschriebenen Abformungsprozess nahe der Glasübergangstemperatur verarbeitet.

In dieser Arbeit wurde besonderes Augenmerk auf Thermoplaste, die für biologische Anwendungen geeignet, die einfach verarbeitbar und beständig gegenüber Alkoholen und organischen Lösungsmittels sind, gelegt. Zudem sollten die Polymere optisch transparent sein, damit die im System stattfindende Tröpfchengenerierung, mit optischen Messmethoden beobachtet werden kann. Ausgewählt wurden drei Polymere, deren Eigenschaften in Tabelle 3.2 zusammengefasst sind.

3.2.5 Heißprägen

Die ausgewählten Polymere liegen in Form von Halbzeugen als Folienmaterial vor und stehen für die weitere Verarbeitung durch Vakuumheißprägen zur Verfügung.

Versuchsaufbau

Nachfolgend beschriebener Aufbau wurde verwendet, um beim Abformvorgang optimale Ergebnisse zu erzielen: Der Shim wurde in eine Messingshimhalterung mit runder

Tab. 3.2: Eigenschaften der Thermoplaste Polymethymethacrylat (PMMA), Polycarbonat (PC) und Polystyrol (PS)

		PMMA	PC	PS
Markenname		Degalan	Bayer Makrolon	Norflex
Glasübergangstemperatur $T_G\,[°C]$		110	163	101
Biokompatibilität		$\pm$	$++$	$++$
optisch transparent		ja	ja	ja
beständig gegenüber	Ketonen	gut	-	gut
	verdünnten Säuren	ausreichend	ausreichend/gut	gut
	konzentrierten Säuren	gut	schlecht	gut
	Alkalilaugen	ausreichend	gut	gut
	Alkoholen	schlecht	schlecht	ausreichend
	Kohlenwasserstoffen	schlecht	gut	gut
	Fetten und Ölen	schlecht	schlecht	gut

Aussparung geklemmt. Diese Shimhalterung bestand aus einer massiven ebenen Grundplatte, auf die eine dünne Silikonmatte mit einer Dicke von 100 µm gelegt wurde, um Dickenunterschiede oder Unebenheiten auszugleichen. Auf dieser Silikonmatte lag der Shim eben auf. Auf den Shim wurde eine dünne Kaptonfolie (25 µm dick) mit ebenfalls runder Aussparung gelegt. Der Durchmesser der Aussparung war etwas kleiner als die der Shimhalterung, so dass eine leichte Entformung gewährleistet war. Abschließend wurde das Gegenstück der Shimhalterung mit runder Aussparung auf den Aufbau platziert und durch Schrauben mit der Grundplatte fixiert. Dieser Aufbau wurde an der oberen Werkzeugplatte der Heißprägemaschine montiert. Auf der unteren Werkzeugplatte der Heißprägeanlage war eine sandgestrahlte Substratplatte mit Schrauben montiert. Die raue Oberfläche der sandgestrahlten Substratplatte half bei der Entformung, in dem das strukturierte Halbzeug beim Auseinanderfahren der Maschine an der rauen Oberflächen haften blieb. In späteren Versuchsreihen wurde auf die raue Oberfläche eine dünne Kaptonfolie gelegt, um die optische Transparenz des strukturierten Bauteils zu erhalten.

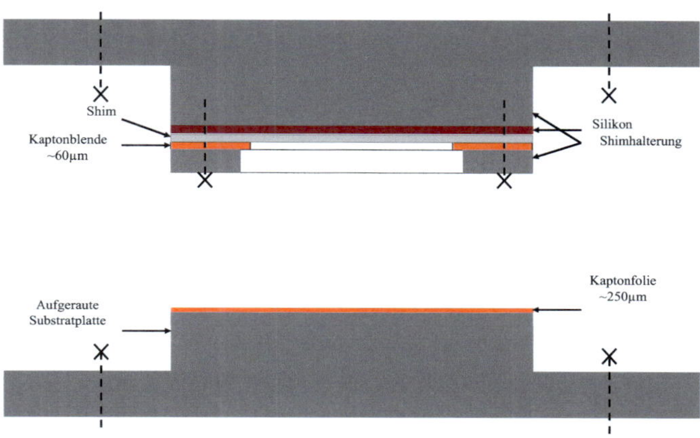

Abb. 3.13: Aufbau und Montage des Shims in der Heißprägemaschine

Ablauf des Heißprägezyklus

Dieser Aufbau wurde für die Strukturierung der PMMA-, PC- und PS-Folien genutzt.
Die Foliendicken betrugen jeweils 110 µm, 175 µm und 40 µm. Das runde Folienhalb-
zeug wurde auf die untere Substratplatte gelegt und das Programm zur Steuerung der
Maschine gestartet. Das Programm lässt die Maschine zunächst so weit zufahren, dass
die Vakuumkammer geschlossen ist und der Raum in der Kammer evakuiert werden
kann. Die Evakuierung sichert im späteren Zyklusablauf die vollständige Befüllung der
Kavitäten mit der Polymerschmelze. Anschließend wurden die obere und die untere
Werkezeugplatte auf Kontakt gefahren, die Aufliegekraft reinitialisiert und die beiden
Platten erhitzt. War die gewünschte Temperatur (s. Tab 3.3) erreicht, konnte die Prägekraft auf den Aufbau aufgebracht werden. Damit die Polymerschmelze die Kavitäten
komplett ausfüllt, wurde eine Haltezeit von mehreren Minuten eingestellt. Während dieser Haltezeit blieben Kraft und Temperatur konstant. Nach Ende der Haltedauer begann
der Abkühlvorgang. Während des Abkühlens wurde die Prägekraft weiter aufrecht erhalten. Erst bei Erreichen der Entformtemperatur konnte die Kraft gesenkt, die Platten
auseinander gefahren und die strukturierte Folie entnommen werden. In Tab. 3.3 sind

Tab. 3.3: Heißprägen: Abformparameter für PMMA, PC und PS

	PMMA	PC	PS
Prägetemperatur [°C]	125	163	110
Prägekraft [kN]	70	40	30
Prägegeschwindigkeit [mm·min^{-1}]	0,2	0,2	0,2
Haltedauer [s]	300	300	300
Entformtemperatur [°C]	90	90	90
Entformgeschwindigkeit [mm·min^{-1}]	0,8	0,8	0,8

die Abformparameter für die jeweiligen Polymerfolien zusammenfassend aufgeführt. Um die Anzahl der Defektstellen auf den geprägten Folien zu bestimmen, sind von jedem Polymer jeweils drei Proben unter dem REM untesucht worden. Es wurden Aufnahmen, die ein Säulenarray von 70×55 zeigen, von der Mitte und vier um 90° versetzte Randpunkte erstellt. Somit wurden für jedes Polymer 15 Stichproben untersucht. Die Messung der Defektstellenrate ergibt einen arithemtisch gemittelten Wert von SI0,5% für jedes der Polymere. Beispiele zu den jeweiligen abgeformten Polymeren können Abb. 3.14 entnommen werden. Aus den Abbildungen ist eindeutig erkennbar, dass in allen drei Fällen die Strukturqualität über die gesamte Strukturfläche sehr gut erhalten ist. Dass die Strukturen in ihrer vollen Tiefe abgeformt worden sind, veranschaulichen AFM-Messungen (s. Abb. 3.15). Der wasserabweisende Zustand der geprägten Polymerfolie geht aus Abb. 3.16 hervor.

3.2.6 Thermoformen

Thermoformen ist der letzte Schritt in der Fertigungskette und dient der Umformung der dünnen, strukturierten Polymerfolie in eine Maske, die das gewünschte Kanalsystem enthält.

Maskenherstellung

Die Maske besteht aus einer 300 μm dicken 4 Zoll-Messingfolie. Die Dicke ist auf diesen Wert festgelegt worden, damit nach Abzug der Halbzeugstärke eine Endkanalhöhe von 100 μm erreicht wird. In diese Messingfolie wurde zentriert ein Kanalsystem, das

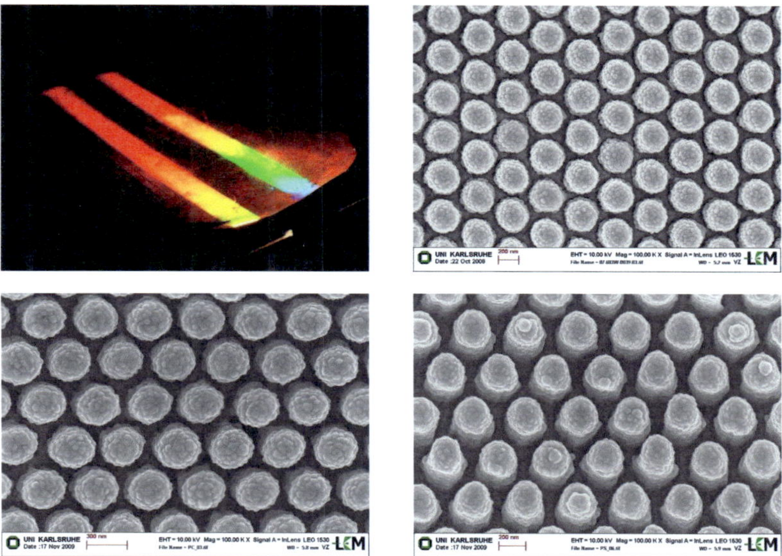

Abb. 3.14: Beispiele der abgeformten Polymere.

> **links oben**: makroskopische Aufnahme einer geprägten Polymerfolie.
>
> **rechts oben**: REM-Aufnahme einer geprägten PMMA-Folie.
>
> **links unten**: REM-Aufnahme einer geprägten PC-Folie.
>
> **rechts unten**: REM-Aufnahmen einer geprägten PS-Folie.

die Form einer T-Kreuzung besitzt und an welches Zuführ- und Sammelreservoirs anliegen (s. Abb. 3.1), erodiert. Da beim Erodiervorgang raue Seitenwände entstehen, wurde anschließend die Maske durch Fräsen nachbearbeitet. Bei der Dimensionierung des Kanalsystems wurde darauf geachtet, die Kanalbreite auf 300 µm festzulegen, damit beim Umformvorgang nach Abzug der Materialdicke eine Endbreite von 100 µm erreicht wurde (s. Abb. 3.17). Diese Maske wurde auch für die 40 µm dünnen Folien verwendet.

Versuchsaufbau

Die Maske wurde in eine modifizierte Heißprägeanlage, bei der sich lediglich der untere Teil der Maschine unterscheidet, gelegt. Während bei der Heißprägeanlage die untere

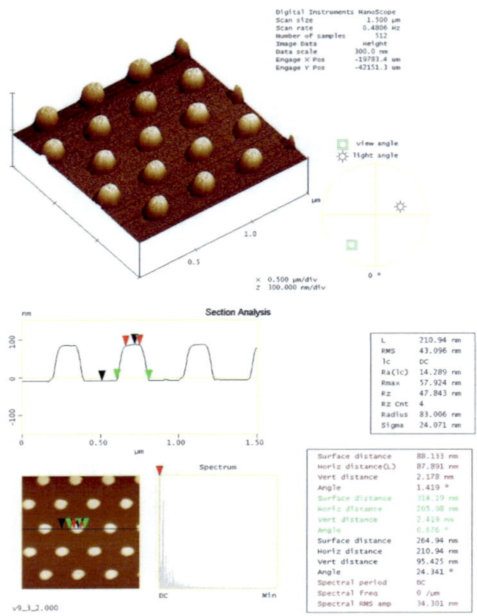

Abb. 3.15: AFM-Messungen der abgeformten Polymerfolien.

Werkzeugplatte massiv aufgebaut ist, ist im Falle der Thermoformanlage diese Platte zentral mit Druckluftbohrungen versehen, um die Umformung unter erhöhter Temperatur zu gewährleisten. In einem Abstand von etwa 4 Zoll befindet sich eine gefräste Nut, die breit genug ist, um einen Dichtungsring einlegen zu können. Auf diese Platte wurde mittig die strukturierte Polymerfolie mit der Strukturseite nach unten gelegt. Auf den Dichtungsring wurde die Messingmaske mit dem Kanalsystem positioniert.

Thermoformzyklus

Die Platten müssen für den Umformzyklus auf Kontakt gefahren werden. Anders als beim Heißprägevorgang muss keine Evakuierung vorgenommen werden, da sich bedingt durch die Auslegung der Maske keine Lufteinschlüsse bilden können. Anschließend wurden die Platten erhitzt. Die Temperatur lag 10 °C–20 °C unterhalb der Glasübergangstemperatur, um den Erhalt der Strukturen sicher zu stellen. War die gewünschte Tempe-

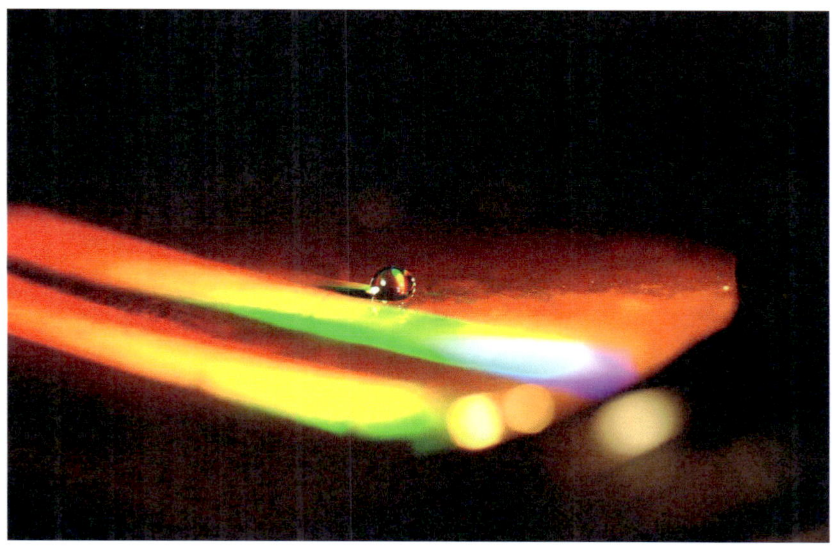

Abb. 3.16: Makroskopische Aufnahme einer nanostrukturierten und superhydrophoben Polymerfolie mit einem Wassertropfen

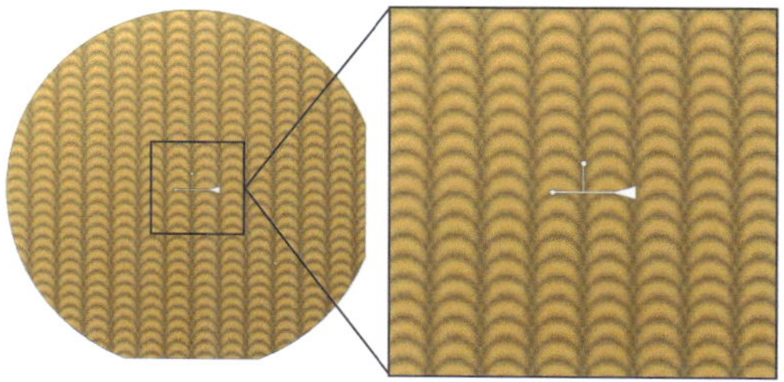

Abb. 3.17: Thermoformmaske mit dem erodierten mikrofluidischem System.

Tab. 3.4: Thermoformen: Umformparameter für PMMA, PC und PS.

	PMMA	PC	PS
Vorlauftemperatur [°C]	80	80	80
Umformtemperatur [°C]	100	155	97
Gasdruck [bar]	15	15	15
Schließkraft [kN]	30	40	25

ratur erreicht, wird ein Druck von 15 bar auf das System aufgebracht. Die Polymerfolie, die sich in einem viskoelatischen Zustand befindet, wurde auf Grund des Drucks in die Kavitäten der Maske gezogen. Dabei entstanden die typischen Verrundungen an der Kanten. Nach einer kurzen Haltezeit wurde das Material schnell bei konstantem Druck heruntergekühlt. Erst nach Erreichen der Entformtemperatur, konnte der Druck heruntergeregelt, die Platten auseinander gefahren und das dreidimensional nanostrukturierte Kanalsystem (s. Abb. 3.18) entnommen werden. Die jeweiligen Umformparameter für PMMA, PC und PS sind in Tab. 3.4 aufgeführt.

Für die Messung der Defektstellenanzahl auf der geprägten und umgeformten Folie wurden von jedem Polymer jeweils drei Proben entnommen und wie bereits beschrieben vorgegangen. Die Anzahl der Defektstellen blieb trotz erneuter thermischer Belastung unverändert bei allen drei Polymeren und beträgt 0,5 %.

3.3 Oberflächenfunktionalisierung

Die wasserabweisenden Eigenschaften der dreidimensional nanostrukturierten und superhydrophoben Kanäle sind nicht ausreichend, weshalb sie durch zusätzliche Oberflächenfunktionalisierung optimiert werden müssen. Die Anforderungen an die Oberflächenfunktionalisierung waren:

- sie soll biokompatibel sein,

- sie soll die Nanostrukturen vollständig bedecken, ohne die Strukturhöhe maßgeblich zu beeinflussen,

- sie soll den hydrodynamischen Kräften stand halten und

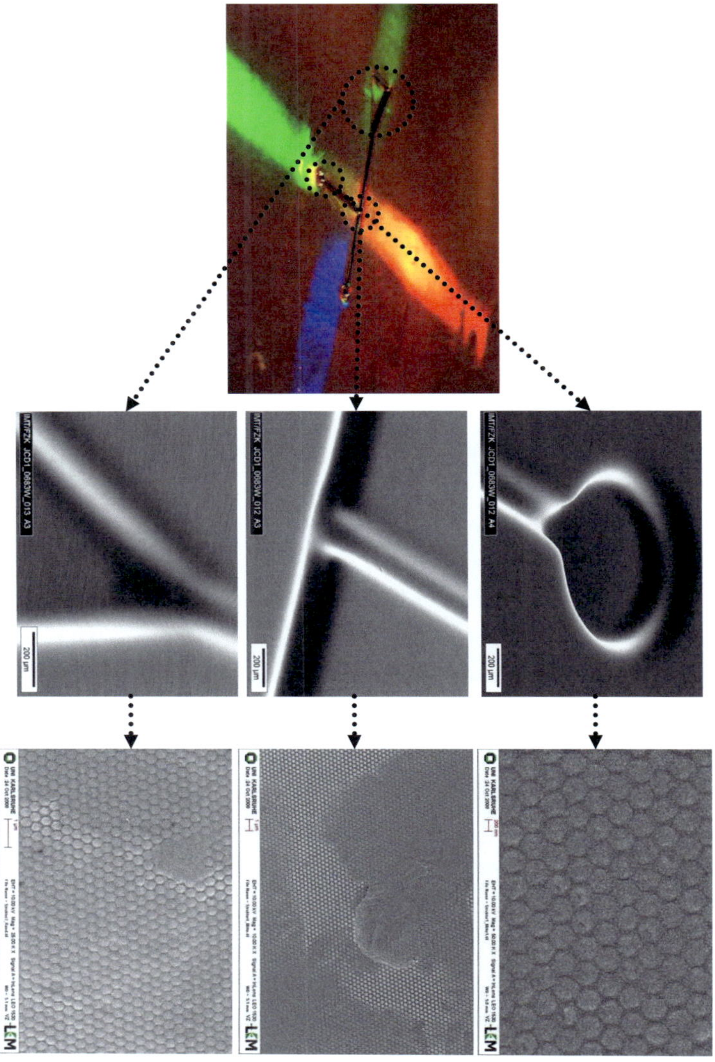

Abb. 3.18: Dreidimensional nanostrukturiertes mikrofluidisches System

- sie soll einfach und schnell aufzubringen sein.

Im Rahmen dieser Arbeit wurden zwei Verfahren für die Oberflächenfunktionalisierung untersucht und miteinander verglichen.

3.3.1 Oberflächenfunktionalisierung über Self Assembled Monolayer aus Biomolekülen

Es eignen sich entweder Biomoleküle, die hydrophobe Stellen auf ihrer Oberfläche besitzen und sich zu Self Assembled Monolayern (SAM) anordnen (z. B. Wachsmoleküle, die aus lotusähnlichen Pflanzen gewonnen werden). Oder es können Biomoleküle verwendet werden, die amphiphilen Charakter besitzen und sich zu SAMs anordnen. Allerdings dienen diese als Linkermolekül für ein weiteres hydrophobes oder superhydrophobes Molekül. Dementsprechend können Layer-by-Layer-Oberflächen erzeugt werden. Für diesen Zweck sind Biomoleküle wie Hydrophobine oder Wachsmoleküle geeignet. Die meisten dieser Biomoleküle binden kovalent an das Substrat. Das bedeutet, dass die Bindungen chemischen Angriffen und mechanischen Belastungen standhalten.

In dieser Arbeit wurde die Oberflächenfunktionalisierung über Hydrophobine, die als Linkermoleküle zwischen der Polymeroberfläche und dem gekoppelte Biomolekül dienen, realisiert. Als Biomolekül wird Whisker, das aus Zellulose gewonnen wird, verwendet. Sie bestehen aus 2 nm–20 nm dicken und 200 nm–400 nm lange Fibrillen. Hydrophobine sind Proteine, die sich auf der Oberfläche von Fadenpilzen befinden und aus ungefähr 70–120 Aminosäuren bestehen [110, 111]. Sie ermöglichen die Anlagerung des Pilzes auf Wirtsorganismen. Durch die eigenständige Anordnung an Wasser-Luft-Grenzflächen helfen sie, dass der Pilz die Grenzfläche durchdringt, um an Luft weiter zu wachsen. Arbeiten von *Wösten* [111] haben gezeigt, dass Hydrophobine sowohl auf hydrophoben als auch auf hydrophilen Oberflächen wie Teflon oder Glas anlagern und deren Oberflächeneigenschaften umkehren. Dies veranschaulicht den amphiphilen Charakter von Hydrophobinen. Hydrophobine lassen sich in zwei Klassen unterteilen. Die Klasse I Hydrophobine unterscheiden sich von Klasse II Hydrophobine im wesentlichen durch eine höhere Unlöslichkeit in wässrigen Lösungen und durch eine höhere Beständigkeit gegenüber chemischen Angriffen, wenn sie auf Festkörperoberflächen adsorbieren. Es werden in dieser Arbeit nur Hydrophobine vom Pilz *Trichoderma reesei*, die der zweiten Klasse angehören, erörtert. Die Hydrophobine HFBI und HFBII bilden innerhalb weniger Sekunden dichtest gepackte Monolagen aus. Jeweils drei Hydrophobin-proteine bilden ein Trimer, die sich in einem periodischen hexagonalen Muster zeigen. Sie geben der Monolage eine festgelegte Orientierung vor. Bisher sind die am Adsorptionsprozess beteiligten intramolekularen Kräfte noch nicht vollständig untersucht und erklärt worden. Allerdings ist bekannt, dass die Ausbildung einer Monolage prozessabhängig ist und dass der Biofilm beständig gegenüber Reinigungs- und Lösungsmitteln ist. Die am Adsorptionsprozess maßgeblich beteiligten Parameter sind die Adsorptionsfähigkeit des Substrats und der pH-Wert der Pufferlösung. Es kommen zwei Arten der Erzeugung von dichtest gepackten SAMs vor:

1. Drop-Surface-Method [110]

   Ein Tropfen einer wässrigen Lösung, in der eine bestimmte Hydrophobinkonzentration in einer Pufferlösung mit eingestelltem pH-Wert gelöst ist, wird auf ein ebenes Substrat aufgegeben. Innerhalb weniger Minuten wandern die Hydrophobine vom Inneren des Tropfens an die Wasser-Luft-Grenzfläche. An der Grenzfläche bildet sich ein elastischer Film, der den halbsphärischen zu einem trapezförmigen Tropfen verändert, aus. Die an der Wasser-Luft-Grenzfläche angelagerten Hydrophobine werden durch ein Stempelverfahren auf ein beliebiges Substrat übertragen und anschließend weiterverarbeitet.

2. Layer-by-Layer

   Beim Spülen der Substraoberfläche mit einer Pufferlösung, die eine bestimmte Konzentration an Hydrophobinen enthält, adsorbieren die Hydrophobine an der Oberfläche. Die unspezifisch gebundenen Hydrophobine werden in einem anschließenden Spülschritt mit einer Pufferlösung desselben pH-Werts weggewaschen. Die Hydrophobinmonolage dient als Bindeglied zwischen Festkörper und weiteren Biomolekülen. Die Bindung weiterer Biomoleküle kann entweder Layer-by-Layer oder durch Agglomeration von einem Hydrophobin und einem weiterem Biomolekül in Lösung und anschließendem Aufbringen des Agglomerats auf die Substratoberfläche durch eines der oben genannten Verfahren erfolgen.

In dieser Arbeit werden die Monolagen nach dem zweiten Verfahren erzeugt.
Das Adsorptionsverhalten von Hydrophobinen auf Silizium-, Teflon- und Glasoberflächen ist in den Arbeiten von *Wösten* [111] und *Laaksonen* [112] gründlich untersucht

worden. Das Adsorptionsverhalten von Hydrophobinen auf Polymeroberflächen wurde bislang nicht untersucht. Aus diesem Grund erfolgte eine Untersuchung des Adsorptionsverhaltens von dem Hydrophobin HFBI auf drei ausgewählten Polymeroberflächen (PMMA, PC, PS), um die am Adsorptionsprozess beteiligten Parameter zu ermitteln. Für die Untersuchung der Zähigkeit und der Steifigkeit des Biofilms, mit anderen Worten wie leicht oder schwer lässt sich der Film wieder von der Oberfläche lösen, wurde das Desorptionsverhalten des Proteins HFBI mit Tween 20 untersucht. Die Messungen wurden mit einer Quarzmikrowaage mit integrierter Dissipationsmessung (QCM-D) durchgeführt. Bei diesem Messverfahren wird ein Quarzkristall in eine Messzelle eingebaut. Sie besitzen eine bestimmte Eigenfrequenz, die zum Schwingen gebracht wird. Adsorbieren Biomoleküle auf der Quarzkristalloberfläche steigt die Eigenfrequenz des Systems. Die integrierte Dissipationsmessung erfasst die Zähigkeit des Films. Bei niedrigen Dissipationsschwankungen, die bei zähen Biofilmen vorkommen, kann die Sauerbrey-Gleichung für die Berechnung der Masse verwendet werden [113]. Mit dieser Messmethode können Massenzunahmen im Bereich einiger Nanogramm gemessen werden.

Vorgehensweise und verwendete Materialien

Zur Messung des Adsorptions- und Desorptionsverhaltens wurden $0,2\,\text{Gew}\cdot\%$ des jeweiligen Polymers in Dichlormethan oder Toluen aufgelöst, anschließend auf einen Quarzkristall aufgeschleudert und 30 min bei 80 °C ausgebacken. Die polymerbeschichteten Quarzkristalle wurden in die Messzelle eingebaut und deren Basislinie stabilisiert. Nachdem die Basisline stabilisiert war, wurden die Hydrophobine, die in einer Konzentration von $0,1\,\text{mg}\cdot\text{ml}^{-1}$ in einer Pufferlösung mit eingestelltem pH-Wert vorlagen, in die Messzellen gepumpt. Die Adsorption der Proteine auf der Polymeroberfläche wurde durch einen Frequenzanstieg am QCM registriert. Die unspezifisch gebundenen Proteine wurden durch Spülen mit der im Versuch verwendeten Pufferlösung entfernt. Im selben Versuch wurde das Desorptionsverhalten mit Tween 20 untersucht. Zu diesem Zweck wurden verschiedene Tween 20 Konzentrationen im Bereich von $0,0001\,\text{Gew}\cdot\%$–$0,1\,\text{Gew}\cdot\%$ der jeweils verwendeten Pufferlösung beigemengt und in die Messzelle gepumpt. Dem folgte ein Spülschritt mit der reinen Pufferlösung, um die unspezifisch gebundenen Moleküle zu entfernen. Für die Untersuchungen des Adsorptions-

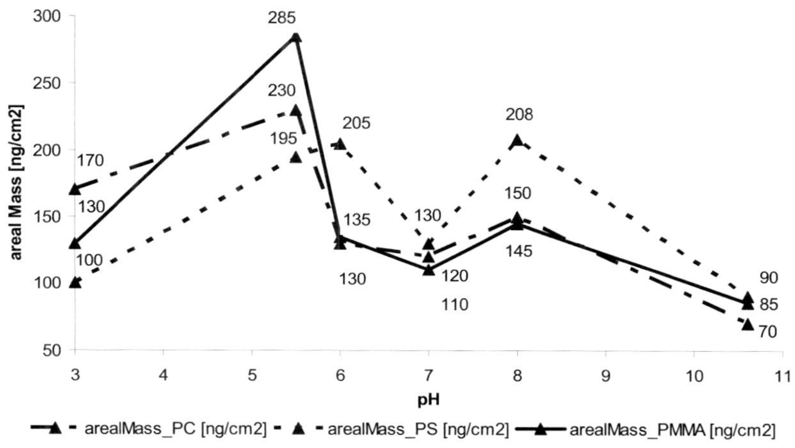

Abb. 3.19: Darstellung der Abhängigkeit des Adsorptionsverhaltens von HFBI vom pH-Wert.

und Desorptionsverhaltens von HFBI auf den jeweiligen Polymeroberflächen wurden Pufferlösungen verwendet, die einen pH-Wertbereich von 3–10,6 abdeckten.

Ergebnisse

Es zeigte sich, dass das Adsorptionsverhalten von HFBI nicht von der chemischen Zusammensetzung des Polymers, woran das Benetzungsverhalten des Polymers geknüpft ist, sondern allein vom pH-Wert der Pufferlösung abhängt. Wie in Abb. 3.19 dargestellt ist, wird beim Adsorptionsprozess ein Maximum bei pH 5,5 erreicht. Durch Berechnung der adsorbierten Masse bezogen auf die Probenoberfläche und auf die Größe des Proteins zeigte sich, dass bei diesem Wert ein Bedeckungsgrad von 90 % erzielt wurde. Dieser pH-Wert liegt nahe dem isoelektrischen Punkt des Proteins. Der isoelektrische Punkt beschreibt den pH-Wert, bei dem die Netzladung des Proteins null ist. Darunter ist das Protein positiv darüber negativ geladen.

Das Desorptionsverhalten hingegen ist abhängig von der Polymerzusammensetzung. Die Versuche zeigten, dass PS (s. Tab. 3.7) ein stabileres Desorptionsverhalten besitzt als PMMA oder PC (s. Tab. 3.5 und 3.6). Bei allen drei Polymeren adsorbierten allerdings die Netzmittelmoleküle auf der Oberfläche. Dies wurde durch Kontrollmessungen, bei der keine Proteinadsorption stattfand, belegt. Mit der QCM-D-Methode ist es nicht möglich zu bestimmen, ob die Proteine teilweise oder vollständig von den Netzmittelmolekülen ersetzt wurden. Weitere Versuche zeigten, dass die Tween 20-Konzentrationsfolge keine Rolle spielt. Die Bindungsfähigkeit der Netzmittelmoleküle ist abhängig vom pH-Wert der Pufferlösung und von der Netzmittelkonzentration. Erstaunlicherweise hängt sie aber nicht von der kritischen Mizellkonzentration, ab der das Netzmittel in Lösung agglomeriert oder auf Oberflächen bindet, ab. Die Zähigkeit und Steifigkeit des Biofilms wurde durch die integrierte Dissipationsmessung gemessen. Es zeigte sich, dass die Dissipation vom pH-Wert abhängt. Darausfolgend ergibt sich eine dichtest gepackte Proteinmonolage bei pH-Wert 5,5. Dieser pH-Wert entspricht dem pH-Wert von destilliertem Wasser.

Anschließend wurden statische Kontaktwinkelmessungen auf den mit HFBI-beschichteten Polymeroberflächen durchgeführt. Der Kontaktwinkel sank von Werten zwischen 93° und 73° für alle drei Polymere auf 20°. Die erhoffte Kontaktwinkelsteigerung ließ sich allein durch das HFBI-Protein nicht erzielen, weshalb probiert wurde eine zweite Monolage, die aus Whiskern besteht, zu immobilisieren. Die Bindung der Whisker erfolgte auf zwei Wegen: Layer-by-Layer und durch Bindung von HFBI und Whisker in Lösung, welche dann auf die Polymeroberfläche aufgebracht worden sind. Die Messungen erfolgten mit AFM und QCM-D. Die Messungen zeigten, dass keine spezifische Bindungen mit den beiden oben erwähnten Immobilisierungsmethoden möglich war. Die Whisker lagen nur in unspezifisch gebundener Form auf den HFBI-beschichteten Polymeroberflächen auf.

Die Folgerung aus den Ergebnissen der Oberflächenfunktionalisierung über Immobilisierung von HFBI und Whisker auf den strukturierten Polymeroberflächen ist, dass sie die in Kap. 3.3 festgelegten Forderungen nicht erfüllen. Zwar ist die Methode biokompatibel und durch sie werden schnell und einfach die Nanostrukturen mit einer sehr geringen Schichtdicke bedeckt, nichtsdestoweniger haben SAM im allgemeinen den großen Nachteil, dass sie kaum einen Bedeckungsgrad von 100 % erreichen. Dies beeinträchtigt die geforderte Uniformität der Schicht und folglich auch den uniformen Benetzungszu-

Tab. 3.5: Desorptionsverhalten an PMMA ausgedrückt durch die desorbierte Masse des Proteins/ der adsorbierten Masse des Netzmittels und seiner Änderung (Wert in Klammern) bezogen auf den pH-Wert.

pH	adsorbierte Masse $[ng\,/cm^2]$	0,0001 % Tween 20 $[ng\,/cm^2]$	0,001 % Tween 20 $[ng\,/cm^2]$	0,01 % Tween 20 $[ng\,/cm^2]$	0,1 % Tween 20 $[ng\,/cm^2]$
3	130	108 (-22)	95 (-35)	115 (-15)	145 (15)
5,5	285	248 (-37)	275 (-10)	300 (15)	325 (40)
	Kontrolle	0	28	40	60
6	135	140 (5)	140 (5)	265 (130)	260 (125)
	Kontrolle	135	220	268	300
7	110	75 (-35)	58 (-52)	75 (-35)	85 (-25)
8	145	-	135 (-10)	132 (-13)	150 (5)
10,6	85	132 (47)	148 (63)	175 (90)	182 (97)
	Kontrolle	0	0	65	130

stand. Des Weiteren wirken sich die rein elektrostatischen Wechselwirkungen zwischen Polymer und Protein als auch die unspezifische Bindung zwischen Protein und Whisker negativ auf die hydrodynamischen Strömungssituationen im mikrofluidischen System aus, da die Schichten unbeständig sind. Die Proteinschichten halten selbst geringen Tween 20-Konzentrationen in wässriger Lösung nicht stand. Aus diesen Gründen wurde dieser Ansatz nicht weiter verfolgt. Statt dessen wurde versucht, den Kontaktwinkel durch Beschichtung der Nanostrukturen mit Gold zu steigern.

3.3.2 Oberflächenfunktionalisierung über Aufbringen einer Goldbeschichtung

Gold ist biokompatibel und kann in dünnen, flächendeckenden und stabilen Schichten aufgesputtert werden. Durch Sputtern lassen sich schnell und einfach dünne Goldschichten erzeugen. Somit erfüllt diese Methode der Oberflächenfunktionalisierung alle Kriterien.

Beim Sputterdepositionsverfahren wird in der Nähe eines Targets, das in diesem Fall

Tab. 3.6: Desorptionsverhalten an PC ausgedrückt durch die desorbierte Masse des Proteins/der adsorbierten Masse des Netzmittels und seiner Änderung (Wert in Klammern) bezogen auf den pH-Wert.

pH	adsorbierte Masse $[ng/cm^2]$	0,0001% Tween 20 $[ng/cm^2]$	0,001% Tween 20 $[ng/cm^2]$	0,01% Tween 20 $[ng/cm^2]$	0,1% Tween 20 $[ng/cm^2]$
3	170	108 (-62)	78 (-92)	95 (-75)	130 (-40)
5,5	230	170 (-60)	160 (-70)	185 (-45)	215 (-15)
	Kontrolle	0	23	35	62
6	135	170 (35)	167 (32)	172 (38)	243 (108)
	Kontrolle	65	117	148	160
7	120	55 (-65)	55 (-65)	52 (-68)	65 (-55)
8	150	-	145 (-5)	130 (-20)	145 (-5)
10,6	70	110 (40)	128 (58)	175 (105)	195 (125)
	Kontrolle	5	12	135	165

ein Goldtarget ist, ein Substrat platziert. Durch den Beschuss des Goldtargets mit energiereichen Argonionen, lösen sich die Goldatome aus dem Target heraus, gehen in die Gasphase über und kondensieren auf dem Substrat. Zu diesem Zweck muss der Druck in der Anlage $5 \cdot 10^{-2}$ bar und die Emssionsspannung zwischen 30 mA–40 mA betragen. Mit diesen Parametern war es möglich ca. 30 nm dicke Schichten zu erzeugen. Um die Haftfestigkeit der Schichten zu testen, wurde ein Tesafilm auf das Polymer aufgebracht und abgezogen. Die Schicht war nicht beschädigt. REM-Aufnahmen (s. Abb. 3.14) zeigen, dass die Nanostrukturen vollflächig mit vielen kleinen Agglomeraten (Durchmesser: ca. 2 nm) bedeckt sind und sie den Nanostrukturen eine zusätzliche Rauheit gibt. Eine umfasssende Charakterisierung der superhydrophoben Oberflächen durch die goldbeschichteten Nanostrukturen erfolgt in Kap. 5.1.

Tab. 3.7: Desorptionsverhalten an PS ausgedrückt durch die desorbierte Masse des Proteins/der adsorbierten Masse des Netzmittels und seiner Änderung (Wert in Klammern) bezogen auf den pH-Wert.

pH	adsorbierte Masse $[ng\,/cm^2]$	0,0001 % Tween 20 $[ng\,/cm^2]$	0,001 % Tween 20 $[ng\,/cm^2]$	0,01 % Tween 20 $[ng\,/cm^2]$	0,1 % Tween 20 $[ng\,/cm^2]$
3	100	70 (-30)	55 (-45)	68 (-32)	103 (3)
5,5	195	190 (-5)	190 (-5)	195 (0)	203 (8)
	Kontrolle	0	10	12	28
6	205	132 (-73)	135 (-70)	140 (-65)	147 (58)
	Kontrolle	52	135	150	160
7	130	108 (-22)	113 (-17)	148 (18)	200 (70)
8	208	-	138 (-70)	132 (-76)	150 (-58)
10,6	90	145 (55)	157 (67)	180 (90)	185 (95)
	Kontrolle	0	5	145	165

4 Tröpfchenanalyse

Die Monodispersität der erzeugten Tröpfchen stellt die Reproduzierbarkeit biologischer Prozesse sicher. Zwar wurde durch die in Kap. 3.1.2 vorgestellten Simulationen Monodispersität im Falle von superhydrophoben Oberflächen berechnet, dennoch erfordern sie eine experimentelle Verifizierung. Für die Messung der Monodispersität, müssen folgende Kriterien an das Messsystem erfüllt sein:

- optische Messung: Die Charakterisierung der erzeugten Tröpfchen soll berührungslos stattfinden, um sie bei der Erzeugung nicht durch die Messung zu beeinflussen.

- echtzeitfähiges System: Die Qualität der erzeugten Tröpfchen soll während der Messung quantitativ bestimmt werden.

- Das System soll das Tröpfchenvolumen berechnen, um die Monodispersität der Tropfen nachzuweisen.

- Die Tröpfchenabrisskennzahlen Kapillar- und Bondzahl sollen berechnet werden.

- Weitere Größen, wie die Berechnung des Kontaktwinkels, die das Tröpfchen sowohl zur oberen sowie zur unteren Kanalwand ausbildet, als auch die Geschwindigkeit des Tröpfchens und die Anzahl der Tröpfchen, die pro Minute erzeugt werden, sind zu bestimmen.

Diese Parameter helfen ein besseres Verständnis für den Tröpfchenabriss zu entwickeln und eine eventuelle Optimierung des mikrofluidischen Systems zu vereinfachen und zu beschleunigen.

Laserunterstütze Verfahren zur Bestimmung des Tröpfchenvolumens sind echtzeitfähig und präzise in der Berechnung des Tröpfchenvolumens. Allerdings können mit diesem Verfahren weder die Tröpfchenabrissparameter noch die Tröpfcheneigenschaften bestimmt werden. Nur ein Softwareprogramms, das auf bildverarbeitenden Algorithmen basiert und Videosequenzen verarbeitet, ist in der Lage alle Kriterien hinreichend zu erfüllen. Bisher gibt es keine kommerziell erhältlichen Bildverarbeitungsprogramme, die alle oben genannten Anforderungen erfüllen, weshalb im Rahmen dieser Arbeit ein eigens konzipiertes Bildverarbeitungsprogramm implementiert wurde. In den folgenden Abschnitten werden die Struktur des Programms, die Bestimmung der Tröpfchenkontur, die Berechnung der Tröpfcheneigenschaften und der Tröpfchenabrissparameter erörtert.

4.1 Bildverarbeitende Programmstruktur

Vor Beginn der Tröpfchengenerierung wird ein einzelnes Referenzbild von dem unbefüllten mikrofluidischen System aufgenommen. Die anschließend aufgenommenen Einzelbilder, die aus der Videosequenz folgen, werden durch Bildsubtraktionsmethoden von dem Referenzbild abgezogen. Die Subtraktion dient der Extraktion des bewegten Objekts, genauer gesagt des Tröpfchens, vom quasistatischen Hintergrund. Störungen durch Lichtschwankungen oder Vibrationen im Bild werden durch Pixelintensitätsschwellwertoperatoren aus den Bildern entfernt. Mögliche Konturenpixel, die einen bestimmten Schwellwert überschreiten, werden für weitere Berechnungen berücksichtigt und weiß markiert. Alle Pixel, die unter dem Schwellwert liegen, werden schwarz gekennzeichnet und sind somit Teil des Hintergrunds. Dem folgt der Canny Algorithmus, mit dessen Hilfe die Tröpfchenkonturpixel bestimmt werden. Dieser Algorithmus fasst Kanten als Intensitätsschwankungen, die durch Gradienten gekennzeichnet sind, auf (s. Kap. 2.6.2 und 4.2). Die gefundenen Kantenpixel werden durch die Border-Following-Methode (s. Kap. 2.6.2 und 4.2) zu geschlossenen Konturen zusammengefasst. Ein besonderes Merkmal dieser Methode ist, dass sie nur die äußerste Tropfenkontur, die einen Pixel breit ist, verfolgt. Anschließend wird die detektierte Kontur über Ellipsenfitting an die reale Kontur des Tröpfchens angenähert. Die Näherung erfolgt über die Methode des kleinsten Fehlerquadrats (s. Kapitel 2.6.2 und 4.2). Dieses detektierte Tröpfchen ist die Grundlage für die weiteren Berechnungen der Tröpfcheneigenschaften und der Tröpfchenabrissparameter.

Gemäß dem in Abb. 4.1 dargestellten schematischen Programmablauf wird die Berechnung der genannten Größen für jedes Einzelbild, für das eine Detektion der Tröpfchenkontur möglich ist, vorgenommen und auf dem Bildschirm angezeigt.

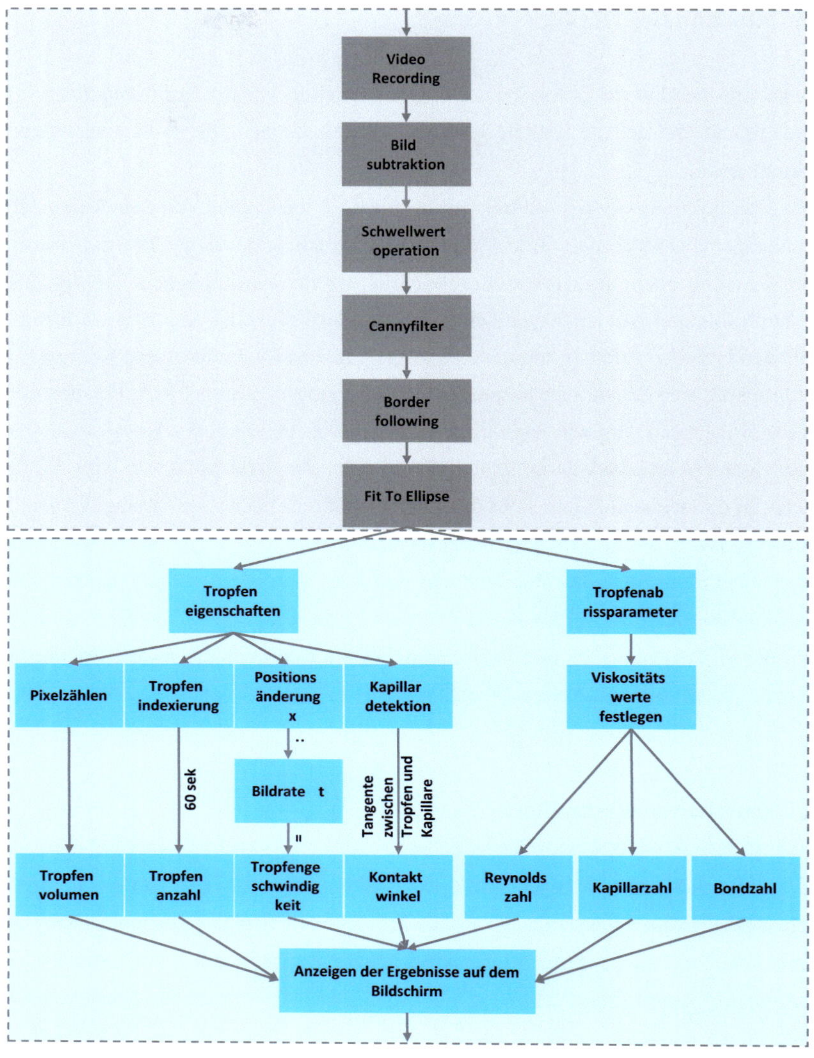

Abb. 4.1: Programmstruktur

4.2 Detektion der Tröpfchenkontur

Ausschlaggebend ist die Detektion der Tröpfchenkontur. Von der Konturqualität und der Schnelligkeit, mit der die Kanten detektiert werden, hängen alle zu berechnenden Ergebnisse ab.

Nach Durchführung der Bildsubtraktion (s. Abb. 4.2 links oben) von dem Referenzbild F_0 und einem nachfolgenden Bild F_i und nach Anwendung des Schwellwertoperators (s. Abb. 4.2 rechts oben) auf das resultierende Bild, werden die Kanten der Tröpfchenkontur durch Canny-Filter herausgearbeitet. Der Border-Following-Algorithmus formt anschließend aus den meist zusammenhanglosen Kantenpixel geschlossene Konturen. Per Definition ist eine Kontur eine Sequenz aus Kantenpixeln, die zusätzlich Positionsinformationen über den nächsten Konturpixel enthält. Das Ergebnis des Border-Following-Algorithmus ist eine lückenlose und ein Pixel breite Tröpfchenkontur (s. Abb. 4.2 links unten). In den meisten Fällen sieht die Tröpfchenkontur nach Anwendung des Border-Following-Algorithmus zackig aus und enthält keine geraden Segmente, so wie es idealerweise der Fall sein sollte. Des Weiteren sind noch störende Artefakte existent. Diese unerwünschten Effekte werden durch Anwendung des Fit-Ellipse-Algorithmus, der mit Hilfe der Methode des kleinsten Fehlerquadrates die Kontur an die reale Tröpfchenkontur angleicht, entfernt (s. Abb. 4.2 rechts unten).

4.3 Tröpfcheneigenschaften

Die Tröpfcheneigenschaften geben indirekt Auskunft über die Qualität der superhydrophoben Oberflächen. Durch die Form des Tröpfchens beispielsweise und dessen fortschreitenden und rückziehenden Kontaktwinkel zur Kanalwand lässt sich auf den lokalen Benetzungszustand rückschließen. Ebenso müsste im Falle einer wasserabweisenden Kanalwand Gleiten an der Kanalwand, das eine höhere Tröpfchengeschwindigkeit und damit eine verbesserte Tröpfchenmobilität als im hydrophilen Falle bewirkt, entstehen. Auch das Tröpfchenvolumen müsste im hydrophoben Falle messbar kleiner als im hydrophilen Zustand sein und die Anzahl der Tröpfchen, die pro Minute erzeugt werden, müsste steigen. Um diese Annahmen experimentell zu bestätigen, wurden diese Parameter in das Programm implementiert.

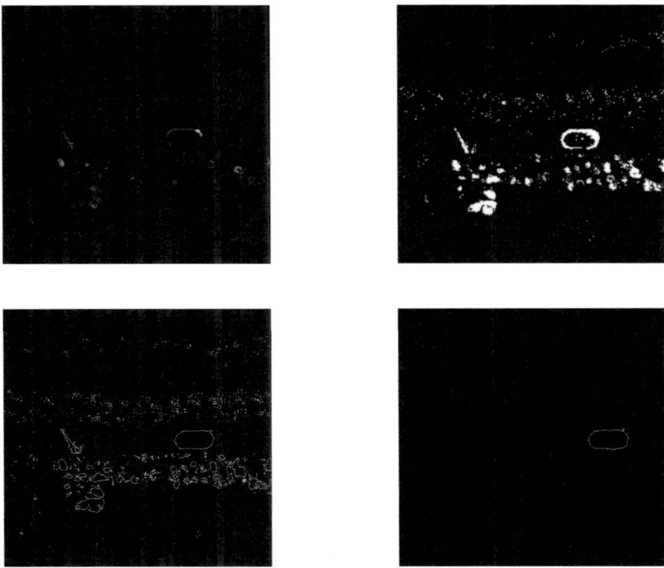

Abb. 4.2: Ergebnisse nach der Ausführung von Bildsubtraktion, Schwellwertoperation, Kontur-
detektion durch Cannyfilter und Border Following Methode und Fit Ellipse

4.3.1 Tröpfchenvolumen

Das Tröpfchenvolumen setzt sich aus drei Teilvolumina (s. Gl. 4.1) zusammen: dem
Mittelteil, das als Quader mit den Kantenlängen a und b angenommen wird und den
beiden Endstücken, die sich aus dem parabolischen Strömungsprofil ergeben.

$$V = a \cdot b^2 + 2 \cdot \int_0^{x_0} (b^2 - 4x)dx$$

$$= a \cdot b^2 + \frac{1}{4} \cdot b^4$$

(4.1)

mit

$$x_0 = \frac{b^2}{4}$$

(4.2)

4.3.2 Anzahl erzeugter Tröpfchen pro Minute

Die Anzahl erzeugter Tröpfchen wird durch Indexierung und Summierung der Tröpfchen innerhalb von 60 s berechnet. Hierbei ist die Detektion von mehreren Tröpfchen in einem Bild problematisch. Dieses Problem lässt sich unter Anwendung von apriori Wissen wie folgt beheben: Der Abstand zwischen den Tröpfchen ist, wenn ein periodischer Tropfenabbruch stattfindet, in den meisten Fällen konstant und der Positionsunterschied der Tröpfchen von einem Bild zum nächsten kann vorausgesagt werden, so dass die eindeutige Identifizierung eines jeden Tröpfchens gewährleistet ist.

4.3.3 Tröpfchengeschwindigkeit

Die Geschwindigkeit v des Tröpfchens lässt sich aus dem Positionsunterschied Δx desTröpfchens zwischen zwei aufeinanderfolgenden Bildern, der bekannten Bildrate, woraus die Zeitdifferenz Δt bestimmt wird und aus der Gleichung für die Geschwindigkeit mit $v = \frac{\Delta x}{\Delta t}$ berechnen.

4.3.4 Kontaktwinkelberechnung

Für die Ermittlung lokaler Benetzungszustandsänderungen werden sowohl die fortschreitenden als auch die rückziehenden Kontaktwinkel zu der oberen und der unteren Kanalwand berechnet. Lokale Benetzungszustandsänderungen haben negative Auswirkungen auf die Tröpfchenmobilität, indem sie die Kontaktwinkelhysterese deutlich vergrößern. Die Tröpfchenmobilität wird durch die resultierenden Energiebarrieren beeinträchtigt. Sollte dieser Fall bei den Messungen in den superhydrophoben Kanälen auftreten, muss das System gegen ein intaktes System ausgetauscht werden. Zur Messung des Kontaktwinkels zwischen Kanalwand und Tröpfchen wird zunächt die Kanalwand lokalisiert. Da in dem Messfenster die Tröpfchen in Form von gestauchten Plugs, die sich an die Kanalwand schmiegen, vorliegen, werden die geraden Segmente des Plugs als Kanalwandgrenze angenommen. Dem folgt eine Kombination aus vertikalem und horizontalem Scan. Ist in x-Richtung das Tröpfchenende erreicht, wird von der x-Position aus, ein Scan in y-Position begonnen, bis das Programm auf einen weiteren Tröpfchenpixel trifft. Aus der Tangentenbeziehung, die sich aus dem Verhältnis zwischen der Länge der Gegen- zu der Ankathete, die sich wiederum aus den jeweiligen Pixeln in x- und y-Richtung zusammensetzt, berechnet, wird der Kontaktwinkel gemäß Gl. 4.3 bestimmt:

$$\Theta = 180° - \tan\frac{\text{Gegenkathete}}{\text{Ankathete}} \tag{4.3}$$

4.4 Berechnung der Tröpfchenabrissparameter

Die Bestimmung der Tröpfchenabrissparameter, die zum einen unter dem Gesichtspunkt der viskosen Kräfte und zum anderen unter dem Gesichtspunkt der hydrodynamischen Drücke betrachtet werden, vertiefen das Verständnis des Tröpfchenabrisses in superhydrophoben mikrofluidischen Kanalsystemen. Im Falle der Reynolds- und der Bondzahl ergeben sich für das gewählte Mess- und Phasensystem konstante Werte. Die Kapillarzahl hingegen, die von der veränderlichen dispersen Phasengeschwindigkeit abhängt, wird für jedes Bild neu berechnet.

4.4.1 Reynoldszahl

Unter der Annahme dass die Geschwindigkeit im Hauptkanal nahezu konstant bleibt, lässt sich die Reynoldszahl Re (s. Gl. 4.4) aus dem Verhältnis der Geschwindigkeit v des Mediums, der charakteristischen und konstanten Länge L des Kanals und der Dichte ρ des Mediums zu der kinematischen Viskosität ν der Flüssigkeit bestimmen. Die charakteristische Länge beträgt für die in dieser Arbeit verwendeten mikrofluidischen Systeme 5 mm.

$$Re = \frac{vL\rho}{\nu} \tag{4.4}$$

4.4.2 Kapillarzahl

Die Kapillarzahl ist, wie bereits in Kap. 2.2 erörtert, das Verhältnis zwischen den viskosen und den Grenzflächenkräften. Dominieren die Grenzflächenkräfte werden die zwei Phasen im mikrofluidischen System in Schichten nebeneinander strömen. Es erfolgt kein Tröpfchenabriss. Erst bei dominierenden viskosen Kräften, findet ein Tröpfchenabriss statt. Um den Bereich, in dem sich der Tröpfchenabriss ereignet, zu ermitteln, wird diese Kennzahl vom Messsystem erfasst. Sie hilft das mikrofluidische System zu optimieren.

$$Ca = \frac{v\nu}{\gamma} \tag{4.5}$$

4.4.3 Bondzahl

Die Bondzahl beschreibt den Tröpfchenabriss unter dem Gesichtspunkt der hydrodynamischen Kräfte. Sie ist für ein gegebenes Phasengemisch unter der Annahme, dass die Dichten während der Messungen gleich bleiben, konstant und lässt sich aus der bereits in Kap. 2.2 eingeführten Gl. 4.6 berechnen.

$$B = \frac{\Delta\rho g h^2}{\gamma} \tag{4.6}$$

Die vorgestellten Größen ermöglichen es, ein vertieftes Verständnis für die Tröpfchenbildung in Zwei-Phasen Systemen zu gewinnen. Sie werden für jedes Bild berechnet und auf dem Bildschirm ausgegeben. Eine ausführliche Analyse der Leistungsfähigkeit des Programms liegt in Kap. 5 vor.

5 Charakterisierung des nanostrukturierten und superhydrophoben mikrofluidischen Systems

5.1 Charakterisierung der superhydrophoben Oberflächen

Die Charakterisierung der Nanostrukturen hinsichtlich ihrer Fähigkeit den Kontaktwinkel zu erhöhen, erfolgte am Kontaktwinkelmessgerät *DataPhysics OC20*. Es wurden sowohl statische Kontaktwinkelmessungen, die die Zeitabhängigkeit des Benetzungszustandes beschreiben (s. Kap. 2.6.1), als auch dynamische Kontaktwinkelmessungen, die die Tröpfchenmobilität und die Oberflächenqualität durch Berechnung der Kontaktwinkelhysterese (s. Kap.2.6.1) messbar bestimmen, durchgeführt. Untersucht wurden PMMA-, PC- und PS-Folien. Neben ihrer Verwendbarkeit für biologische Anwendungen weisen sie unterschiedliche Benetzungszustände, die von hydrophil (PMMA) über hydrophil-hydrophob (PC) bis zu hydrophob (PS) reichen, auf. Dadurch ist es möglich, neben den erwähnten Größen den Einfluss der chemischen Zusammensetzung des Polymers in Verbindung mit den Nanostrukturen zu untersuchen.

5.1.1 Vorbereitung der nanostrukturierten und superhydrophoben Polymeroberflächen

Für die statischen und dynamischen Kontaktwinkelmessungen wurden für die Polymere jeweils vier verschiedene Probenzustände untersucht:

- *Polymer blank*: Das ursprüngliche vom Hersteller gelieferte Polymer.

- *Polymer blank mit Goldbeschichtung*: Das ursprünglich vom Hersteller gelieferte Polymer, das mit einer 30 nm dünnen Goldschicht besputtert wurde. Dieser Probenzustand wird für Kontrollmessungen verwendet.

- *Polymer strukturiert*: Das nanostrukturierte Polymer.

- *Polymer strukturiert mit Goldbeschichtung*: Das nanostrukturierte Polymer, das mit einer 30 nm dünnen Goldschicht besputtert wurde.

Die Proben besaßen einen Durchmesser von 40 mm und sind vor Beginn der Messungen durch Abblasen der Proben mit Stickstoff von möglichen Partikeln gesäubert worden. Auf die Verwendung von Lösungsmittel beim Reinigen ist verzichtet worden, um die Messergebnisse nicht durch deren Rückstände auf der Probenoberfläche zu verfälschen.

5.1.2 Durchführung der statischen Kontaktwinkelmessungen

Um statistisch relevante Ergebnisse zu erhalten, sind jeweils drei Polymerproben eines jeden Probenzustandes und eines jeden Polymers untersucht worden. Es wurden 17 Messpunkte in äquidistanten Abständen gleichmäßig über die Probenfläche verteilt. Die Messung des statischen Kontaktwinkels wurde nach der Methode des liegenden Tropfens („Sessile Drop Methode") mit destilliertem Wasser durchgeführt. Das Tröpfchenvolumen, das auf die Probenoberfläche abgesetzt wurde, betrug 2 µl. Die Auswertung des Kontaktwinkels erfolgte durch die von *Data Physics* mitgelieferte Bildverarbeitungssoftware, in der das Young-Laplace-Fitting integriert ist. Mit diesem aufwendigen aber theoretisch präzisen Verfahren wurde die gesamte Tröpfchenkontur ausgewertet. Bei der Konturanpassung wird zu den Grenzflächeneffekten auch die Gravitationskraft, die auf das Tröpfchen wirkt, einbezogen. Dem folgte die Berechnung des Kontaktwinkels, der durch die Steigung der Konturlinie im Dreiphasenkontaktpunkt resultiert.

5.1.3 Ergebnisse der statischen Kontaktwinkelmessungen

In den Abbildungen 5.1 a-c sind die Ergebnisse der statischen Kontaktwinkelmessungen mit den dazugehörigen Standardabweichungen für die jeweiligen Polymere und deren Probenzustände dargestellt. Der Kontaktwinkel ist als Mittelwert, der gemäß der relativen Häufigkeit seines gemessenen Werts für alle drei Proben eines Probenzustands berechnet wurde, angegeben. Aus den einzelnen Abbildungen geht hervor, dass die Kontaktwinkel für die blanken Polymere mit den Literaturwerten für PMMA (73°) [114], PC (89°) [115] und PS (93°) [116] gut übereinstimmen und in der aufgeführten Reihenfolge ansteigen. Für alle drei Polymere sinkt der Kontaktwinkel hingegen auf Werte zwischen 46°–71°, wenn das Wassertröpfchen auf die goldbeschichteten, unstrukturierten Folien abgesetzt wird. Bei diesem Probenzustand dominiert der hydrophile Charakter

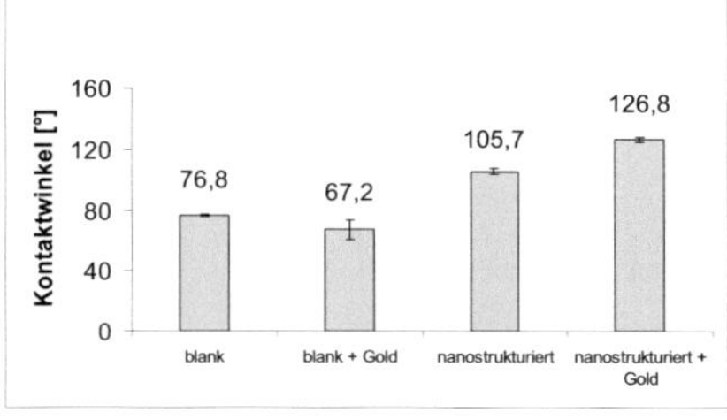

(a) PMMA

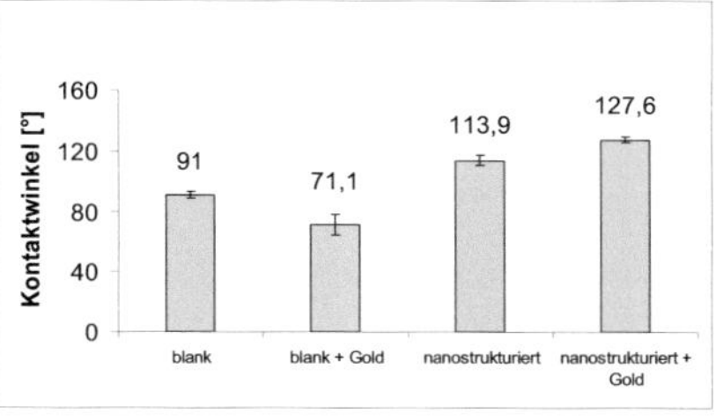

(b) PC

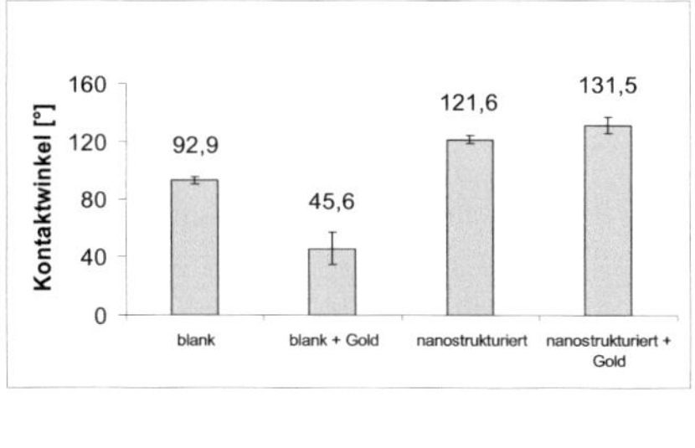

(c) PS

Abb. 5.1: Ergebnisse der statischen Kontaktwinkelmessungen auf unterschiedlich vorbereiteten PMMA-, PC- und PS-Oberflächen [98].

des Goldes den Benetzungszustand. Die starke Streuung des Kontaktwinkels bei diesem Probenzustand beruht auf dem Sputterprozess, der statt einer ebenmäßigen Beschichtung Goldagglomerate auf der Oberfläche erzeugt. Die nanostrukturierten Polymeroberflächen bewirken eine Steigerung des Kontaktwinkels auf Werte zwischen 106°–122°. Die Zunahme des Kontaktwinkels ist, wie auch im Falle des blanken Polymers, von der chemischen Zusammensetzung des Polymers abhängig. Daraus folgt, dass PS sowohl im blanken als auch im nanostrukturierten Fall den höchsten statischen Kontaktwinkel besitzt. Durch die flächendeckende Bechichtung der Proben mit Gold nimmt das Wassertröpfchen nur die zusätzlich gegebene Rauheit durch das Gold wahr, so dass sich für alle drei Polymere ein ähnlicher Kontaktwinkel ergibt. Im Falle von PMMA und

PC traf dies zu. Der erhöhte Kontaktwinkel beträgt für die beiden Polymere ca. 128°. Abweichungen traten allerdings im Falle von PS auf. Der Kontaktwinkel stieg auf über 131°. Der im Vergleich zu PMMA und PC erhöhte Kontaktwinkel lässt sich unter Hinzunahme der dazugehörigen REM-Aufnahmen der Abformprofile (s. Abb. 3.14) erklären. PMMA und PC besitzen identisch aussehende Abformprofile, PS hingegen weist ein leicht konisches Abformprofil auf. Dieses konische Abformprofil ist für den erhöhten Kontaktwinkel verantwortlich, da die Fläche, auf dem das Tröpfchen aufliegt, verringert worden ist.

Die größte Kontaktwinkelsteigerung, die im Falle von PMMA 50° und im Falle von PC und PS ca. 39° betrug, wurde durch die Kombination aus Nanostrukturen und Goldbeschichtung erzielt. Demnach liegen die oberflächenmodifizierten Polymere in dem gewünschten Benetzungsbereich von $\geq 120°$, ohne an Biokompatibilität zu verlieren.

5.1.4 Durchführung der dynamischen Kontaktwinkelmessungen

Für die Untersuchung der Veränderungen der fest-flüssig-Grenzflächen wurden auf denselben Polymerproben mit denselben Probenzuständen, wie für die statischen Kontaktwinkelmessungen, acht Messpunkte in äquidistanten Abständen gleichmäßig über der Probe verteilt. Ein Tröpfchenendvolumen von 5 µl wurde für die dynamischen Kontaktwinkelmessungen festgelegt. Das Tröpfchen wurde mit einer konstanten Fließgeschwindigkeit von $0{,}3\,\mu l \cdot min^{-1}$ erzeugt, während der Fortschreitewinkel gemessen wurde. Während der gesamten Messung verblieb die Nadelspitze symmetrisch in dem Tröpfchen. Bis das Endvolumen erreicht wurde, vergingen ca. 39 s, in denen 25 Einzelbilder pro Sekunde aufgenommen wurden. Von den 975 Einzelbildern wurde jedes sechste ausgewertet. Dem folgte eine Pause von 2 s, wonach mit derselben Fließgeschwindigkeit das Flüssigkeitsvolumen in die Nadel gezogen und der Rückzugswinkel gemessen wurde. Die Erfassung der Messwerte wurde nach demselben Schema wie bei der Volumenvergrößerung durchgeführt. Insgesamt wurden pro Messpunkt ca. 325 Messwerte aufgenommen. Die Auswertung der Tröpfchenkontur und die Berechnung des Kontaktwinkels erfolgte über das Young-Laplace-Fitting. Aus der Differenz des Fortschreite- und Rückzugswinkels wurde die Kontaktwinkelhysterese, die sowohl ein Maß für die Tröpfchenmobilität als auch ein Gütemaß für die Oberfläche bezeichnet, berechnet.

5.1.5 Ergebnisse der dynamischen Kontaktwinkelmessungen

Die Abbildungen 5.2 a-c zeigen die Ergebnisse der dynamischen Kontaktwinkelmessungen. Es sind die jeweiligen Fortschreite- und Rückzugswinkel für die jeweiligen Probenzustände mit den zugehörigen Kontaktwinkelhysteresen aufgetragen. Generell liegen die Winkel bei den dynamischen Kontaktwinkeln etwas höher als bei den statischen Messungen. Ausgenommen die dynamischen Kontaktwinkel der blanken Polymeren: sie unterschieden sich kaum von den statischen Messwerten. Ein signifikanter Unterschied zwischen statischen und dynamischen Messwerten trat bei den blanken Polymeren mit Goldbeschichtung auf. Der Anstieg des dynamischen Kontaktwinkels wird durch die Goldagglomerate, die bei der Volumenvergrößerung und -verringerung zusätzliche Energiebarrieren für das Tröpfchen darstellen, verursacht [117]. Die nanostrukturierten Polymerfolien erzeugten wiederum dynamische Kontaktwinkel, die mit den statischen Messwerten vergleichbar waren. Bei diesem Probentyp machte sich der Einfluss der chemischen Zusammensetzung auf die Benetzung bemerkbar. PMMA, das urpsrünglich hydrophil ist, erzielte geringere Kontaktwinkelsteigerungen als die hydrophoberen Materialien PC oder PS. Bei den strukturierten Polymeren mit Goldbeschichtung wiesen die drei Polymere ähnliche Werte auf, da das Gold die darunterliegenden Materialeigenschaften verbarg. Die Steigerung des Kontaktwinkels beruht auf den Goldagglomeraten, die auf den Nanostrukturen aufliegen und eine zusätzliche Rauheit verursachen. Die Winkel auf den strukturierten und goldbeschichteten Folien sind im dynamischen höher als im statischen Fall. Dies beruht auf derselben Ursache wie bei den blanken Polymerfolien mit Goldbeschichtung.

Für alle drei Polymere wurden geringe Kontaktwinkelhysteresen berechnet, woraus eine sehr gute Tröpfchenmobilität auf den Oberflächen folgt. Da die Kontaktwinkelhysterese auch ein Maß für die Oberflächengüte ist, folgt aus der geringen Differenz zwischen Fortschreite- und Rückzugswinkel, dass die Oberflächen kaum Fehlstellen aufweist und sie homogen mit Nanostrukturen bedeckt ist.

Sowohl die statischen als auch die dynamischen Kontaktwinkelmessungen zeigen bei den drei nanostrukturierten Polymeren mit und ohne Goldbeschichtung die gewünschte Kontaktwinkelsteigerung. Das im Rahmen dieser Arbeit vorgestellte Strukturgitter erhöhte den Kontaktwinkel von PMMA um mehr als 50°. Der höchste Kontaktwinkel unter den drei untersuchten Polymeren erzielte allerdings PS mit Werten über 131°. Dieser

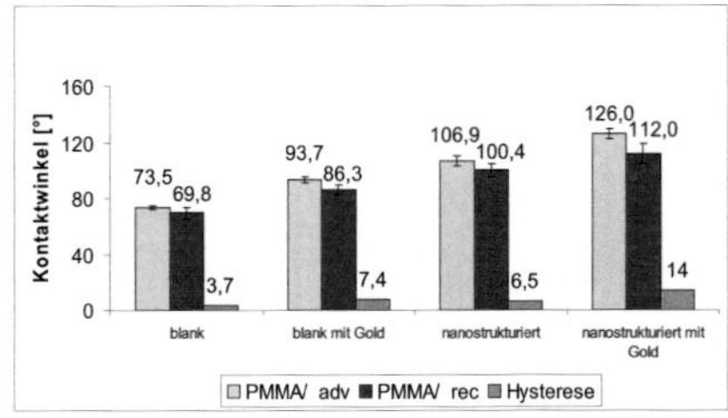

(a) PMMA

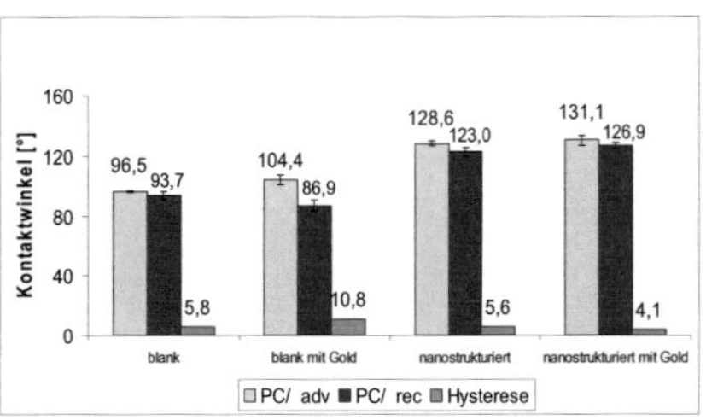

(b) PC

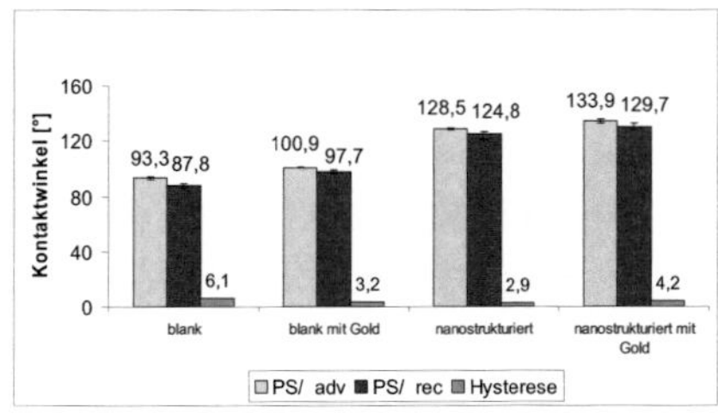

(c) PS

Abb. 5.2: Ergebnisse der dynamischen Kontaktwinkelmessungen auf unterschiedlich vorbereiteten PMMA-, PC- und PS-Oberflächen [98].

Wert bedeutet eine Steigerung des Kontaktwinkels um mehr als 40° vom Ausgangszustand. Ebenso weisen die drei nanostrukturierten Polymere mit und ohne Goldbeschichtung geringe Kontaktwinkelhysteresen auf, woraus eine gute Tröpfchenmobilität und eine homogene nanostrukturierte Oberfläche mit hoher Qualität folgt. Auf Grund der Höhe des Kontaktwinkels und seiner Verwendung als Zellkulturschalenmaterial eignet sich PS besonders als Material für die Fertigung des Tröpfchengenerierungsmoduls.

5.1.6 Ergebnisse der Variation der Strukturdimensionen

In Kap. 3.2.1 wurden die optimalen Strukturdimensionen für die zylindrischen Säulen im hexagonalen Gitter über Optimierungsrechnung bestimmt. Für den experimentellen Nachweis des analytischen Ergebnisses wurde eine Strukturvariation durchgeführt. Zu diesem Zweck wurde eine Matrix (s. Abb. 5.3) erstellt. Auf der x-Achse variiert der Säulendurchmesser und auf der y-Achse der Säulenabstand. Das Aspektverhältnis der Strukturen war aus fertigungstechnischen Gründen auf einen Wert zwischen 1 und 2 beschränkt. Die Variation des Säulendurchmessers erfolgte in einem Bereich von 250 nm–1000 nm mit einem Säulenabstand, der das 1–4-fache des Säulendurchmessers betrug (s. Abb. 5.3). Die Strukturfeldabmessungen betrugen $10 \times 10\,\mathrm{mm}^2$. Die Strukturen wurden über Elektronenstrahllithografie erzeugt. Anschließend wurden sie über Vakuumheißprägen in PMMA, PC und PS abgeformt. Die Abformung erwies sich als problematisch, da auf dem Shim sowohl Mikro- als auch Nanostrukturen vorhanden waren. Demzufolge erwies sich die Abformung der Mikrostrukturen leichter als die der Nanostrukturen. Damit alle Strukturfelder abgeformt werden konnten, wurden mehrere Lagen der Polymerfolien in einer Blende gestapelt und bei einer Temperatur, die 30 °C–40 °C über der Glasübergangstemperatur lag, bearbeitet. Allerdings füllte die Polymerschmelze die Kavitäten im Falle von PMMA nicht voll aus. In Abb. 5.4 sind exemplarisch für die Strukturfelder 1000/4000, 750/1500, 500/1500 und 750/3000 die Abformergebnisse in PMMA dargestellt. Insgesamt wurden von jedem Polymer jeweils drei Proben für die statischen Kontaktwinkelmessungen verwendet. Auf Grund der begrenzten Strukturfeldabmessungen hatte maximal ein Tröpfchen Platz. Die Ergebnisse der Kontaktwinkelmessungen sind in Tab. 5.1 dargestellt. Aus den Ergebnissen folgt, dass der Kontaktwinkel bei einem Säulenabstand, der das Einfache und das Vierfache des Säulendurchmessers beträgt, stärker steigt als bei den anderen Säulenabständen. Ferner folgt aus den Ergebnissen, dass kleinere Strukturdimensionen höhere Kontaktwinkel erzielen als größere. Diese Beobachtung bestätigt die analytisch berechneten Säulendimensionen aus Kap. 3.2.1. Zudem wird aus den Ergebnissen der Einfluss der chemischen Zusammensetzung des Polymers auf den Kontaktwinkel erkennbar. Demzufolge wird stets ein höherer Kontaktwinkel bei PS als bei PMMA oder PC erzielt, da PS in seinem ursprünglichen Zustand bereits hydrophob ist.

Tab. 5.1: Ergebnisse der statischen Kontaktwinkelmessungen auf Strukturfeldern mit variieren-
den Strukturdimensionen für PMMA, PC und PS

d/w	Kontaktwinkel von		
	PMMA [°]	PC [°]	PS [°]
250/250	103,2	120,4	126,6
250/500	86,6	100	96,7
250/750	82,4	102,2	102,4
250/1000	83,8	115	101,5
500/500	91,9	106,1	111,9
500/1000	84,1	104,1	102,2
500/1500	83,3	100,5	95,2
500/2000	83,1	99,4	95,5
750/750	97,3	104,1	118,8
750/1500	87	93,6	98,2
750/2250	85,3	91,7	95,8
750/3000	102,2	101	99,7
1000/1000	95,9	108,7	115,7
1000/2000	93,4	94,3	100,1
1000/3000	89	92,9	95,7
1000/4000	83,1	110,1	104,9

5.2 Tröpfchengenerierung

Die Tröpfchengenerierung wurde sowohl in gefrästen, mikrofluidischen Systemen ohne
weitere Oberflächenmodifzierung als auch in nanostrukturierten und superhydrophoben
mikrofluidischen Systemen untersucht. Mit diesen beiden Systemen wurden Unterschie-
de in der Tröpfchenform, der Tröpfchengenerierung und bei den Tröpfchenraten beobachtet. Ferner fand ein Vergleich zwischen den experimentellen Ergbenissen mit den
numerisch ermittelten Ergebnissen aus Kap. 3.1.2 statt.

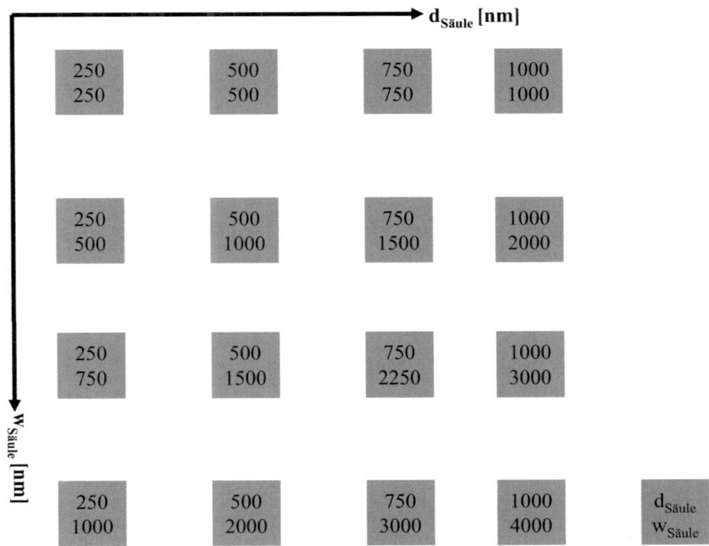

Abb. 5.3: Matrix der Strukturvariation in Abhängigkeit vom Säulendurchmesser und vom Säulenabstand dargestellt.

5.2.1 Durchführung der Tröpfchengenerierungsversuche

Für die Tröpfchengenerierung wurden zwei verschiedene Phasensysteme untersucht: Luft-Wasser-Gemische und Luft-Alginat-Gemische. Letzteres eignet sich besonders für die Verkapselung von Zellen. Alginat ist ein Polysaccharid, das aus der braunen Alge gewonnen wird und das meist pulverförmig vorliegt. Das Alginat wurde in verschiedenen Konzentrationen (1 %–2,5 %) dem MOPS-Puffer (3-N-(Morpholino)propansulfonsäure) beigemengt. Je höher die Alginatkonzentration ist, desto viskoser ist das Gemisch. Zum einen sollte die Konzentration, bei der die Tröpfchen stabile Kapseln in periodischen Abständen formen, gefunden werden. Zum anderen wurde der Einfluss der Viskosität auf die Tröpfchengenerierung in dem vorgestellten mikrofluidischen System untersucht. Die Tröpfchengenerierung wurde nach dem in Kap. 3.1.1 beschriebenen Versuchsablauf durchgeführt. Allerdings wurden die Flussraten für die disperse und die kontinuierliche

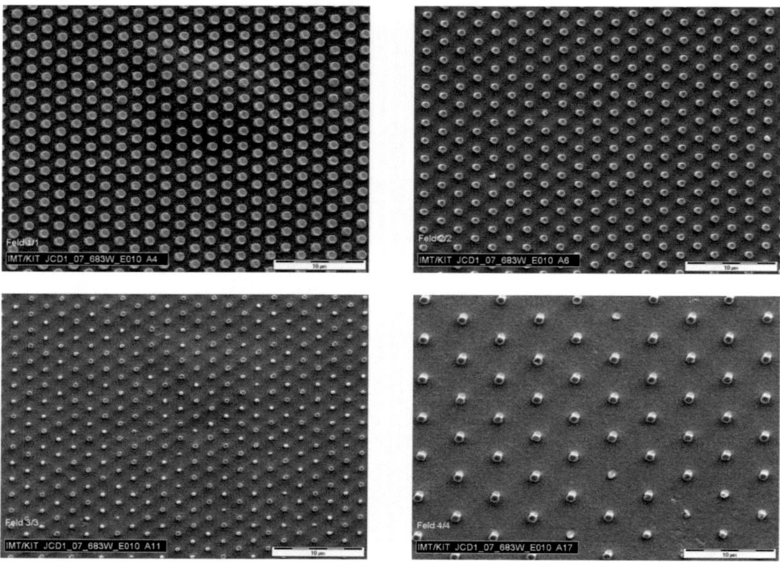

Abb. 5.4: REM-Aufnahmen der abgeformten Strukturfelder in PMMA.

links oben: 1000/1000 Strukturfeld.

rechts oben: 750/1500 Strukturfeld.

links unten: 500/1500 Strukturfeld.

rechts unten:750/3000 Strukturfeld.

Phase im Bereich von $10\,\mu l \cdot min^{-1}$–$100\,\mu l \cdot min^{-1}$ in $10\,\mu l \cdot min^{-1}$-Schritten untersucht. Die Messdauer betrug 60 s.

5.2.2 Ergebnisse der Tröpfchengenerierung in unmodifzierten mikrofluidischen Systemen

Bei der Tröpfchengenerierung in den gefrästen PMMA Systemen fiel auf, dass keine Wassertröpfchen im gewünschten Sinne erzeugt wurden. Vielmehr bildeten sich Luftbläschen, die in Wasser dispergierten. Die Hydrophilität des Kanalsystems, die durch die Fräsriefen zusätzlich erhöht wurde, beeinflusste die Tröpfchenform. Es bildeten sich konkave Tröpfchen. Diese Beobachtung bestätigt die Simulationsergebnisse (s. Kap.

3.1.2). Durch die hohen Adhäsionskräfte zwischen der Kanalwand und dem Wasser wurden statt Wassertröpfchen Wasserplugs, die von dispergierten Luftbläschen getrennt waren, in unregelmäßigen Abständen generiert. Selbst bei umgekehrter Befüllung, genauer gesagt das Wasser wurde durch den Hauptkanal und die Luft durch den senkrecht dazu verlaufenden Seitenkanal gepumpt, trat keine Verbesserung ein. Auch diese Beobachtung stimmt mit den Simulationsergebnissen überein. Netzmittel verbessern das Tröpfchenabrissverhalten, allerdings greifen sie die Zellmembran an: Sie wird porös. Auf Grund dieser Ergebnisse wurde auf weitere Versuche mit dem Luft-Alginat-Gemisch verzichtet.

5.2.3 Ergebnisse derTröpfchengenerierung in nanostrukturierten und superhydrophoben mikrofluidischen Systemen

Im Unterschied zu den unmodifizierten Kanalsystemen fand in den superhydrophoben Kanalsystemen eine Dispersion von Wassertröpfchen in Luft bzw. Alginattröpfchen in Luft (s. Abb. 5.5) statt. Die dreidimensional superhydrophoben Kanalwände verringern die Adhäsionskräfte zwischen der Kanalwand und dem Wasser, wodurch elliptische Tröpfchenformen entstanden. Diese Tröpfchenform stimmt mit der in den Simulationen berechneten Form überein. Gleichermaßen traf dies für den periodische Tröpfchenabriss, der konstante Tröpfchenvolumina hervor bringt, zu. Mit dem modifzierten mikrofluidischen System war es möglich, die Tröpfchenvolumina reproduzierbar über einen Flussratenbereich der dispersen und der kontinuierlichen Phase von $10\,\mu l \cdot min^{-1}$–$100\,\mu l \cdot min^{-1}$ in einem Bereich von $0{,}5\,\mu l$–$4\,\mu l$ zu erzeugen. Während der Messung der Tröpfchenvolumina trat ein maximaler Fehler von 3 % bei den großen Tröpfchen auf, bei den kleinen Tröpfchen betrug er 1 %. Dafür wurden Tröpfchenvideosequenzen, die eine Länge von 1 min haben, mit der eigens entwickelten und implementierten Bildverarbeitungssoftware untersucht. Die Standardabweichung bei den kleinen Tröpfchenvolumina beträgt $0{,}005\,\mu l$, die Standardabweichung bei großen Tröpfchenvolumina beträgt $0{,}035\,\mu l$. Mit den superhydrophoben mikrofluidischen Kanalsystemen ist es möglich Tröpfchenraten mit konstanten Volumina von mehr als 800 Tröpfchen pro Minute zu erzeugen. Während der Tröpfchengenerierung wurde beobachtet, dass mit ansteigender Flussrate sich die Anzahl der Tröpfchen erhöhte und gleichzeitig das Tröpfchenvolumen sank (s. Abb. 5.6). Der Tröpfchenabriss erfolgte sowohl für das Luft-Wasser-Gemisch als auch für das

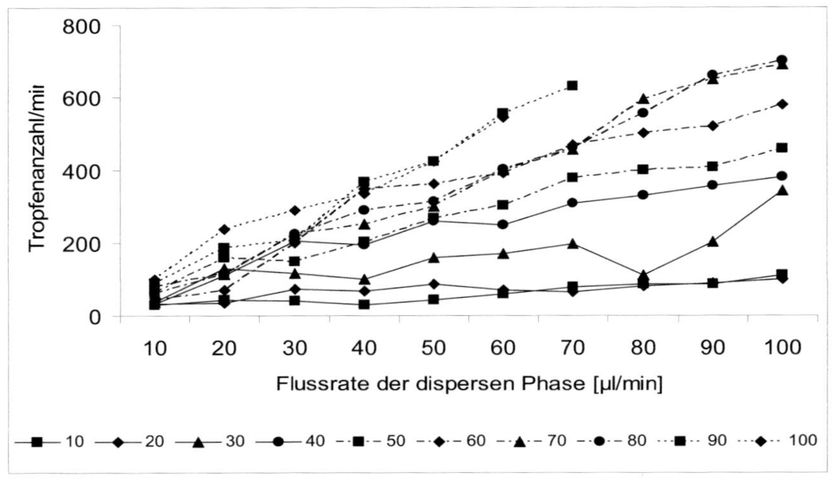

Abb. 5.5: Tröpfchengenerierungsergebnisse mit einem Luft-Wasser-Gemisch in Abhängigkeit von der Flussrate.

Luft-Alginat-Gemisch über den gesamten Flussratenbereich stabil. Demzufolge wurden die gewünschten reproduzierbaren Ergebnisse erzielt.

5.2.4 Einfluss der Viskosität auf den Tröpfchenabriss

Der Einfluss der Viskosität auf das superhydrophobe mikrofluidische System wurde mit ansteigender Alginatkonzentration im Bereich von 1 %–2,5 % untersucht. Eine Messung dauerte 60 s, währenddessen die erzeugten Tröpfchen gezählt wurden. Bei Alginatkonzentrationen von 1 %–1,5 % fand der Tröpfchenabriss stabil und periodisch über den gesamten untersuchten Flussratenbereich statt (s. Abb. 5.7 a-c). In diesem Konzentrationsbereich erhöhte sich die Anzahl der erzeugter Tröpfchen mit ansteigender Flussrate. Gleichzeitig verringerte sich das Tröpfchenvolumen. Allerdings platzten oder vereinigten sich die Tröpfchen bei Alginatkonzentrationen zwischen 1 % und 1,25 % im Reser-

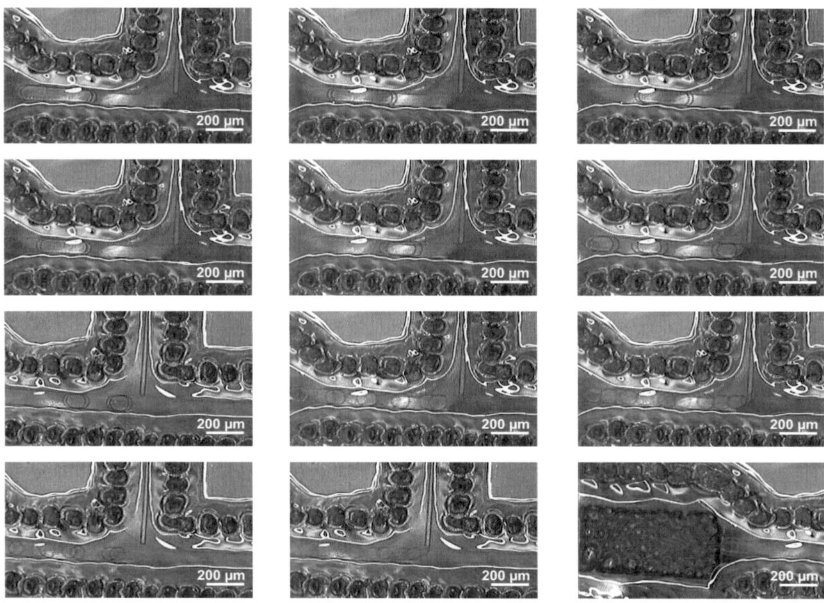

Abb. 5.6: Tröpfchendiagramm: Darstellung der sinkenden Tröpfchenvolumina, die sich zwischen den Punktschweißnahten befinden, mit ansteigender Flussrate (von links nach rechts).

voirbereich. Die Konzentration des Alginats reichte nicht aus, um stabile Kapseln zu formen. Ab einer Alginatkonzentration von 1,5 % blieben die Tröpfchen im Reservoirbereich stabil. Bei Alginatkonzentrationen größer 1,75 % wurde beobachtet, dass das System anfing träge zu werden. Dies zeigte sich in langen Stabilisierungszeiten, die bis zu einer Minute ab Einschaltzeitpunkt der Spritzenpumpen andauerten. Während dieser Zeit wurden entweder keine Tröpfchen oder Tröpfchen in unregelmäßigen Abständen erzeugt. Beim Abschalten der Spritzenpumpe wurden mehrere Sekunden lang Tröpfchen nachproduziert. Darüberhinaus verhinderte die zunehmende Viskosität der Alginatlösung den Tröpfchenabriss bei niedrigen Flussraten (s. Abb. 5.7 d-f). Die hydrodynamischen Kräfte im Seitenkanal reichten nicht aus, um die disperse Phase in den Hauptkanal zu fördern. Insgesamt beeinträchtigten die hochviskosen Alginatlösungen den Tröpfchengenerierungsprozess, so dass dieser unregelmäßig und instabil erfolgte.

Mit ansteigender Alginatkonzentration bildeten sich stabilere Tröpfchen, allerdings sank die Anzahl erzeugter Tröpfchen pro Minute mit anteigender Flussrate im Vergleich zu den niederviskoseren Alginatlösungen (s. Abb. 5.7 a-f). Die Lösung mit 2,5 % Alginat konnte nicht mehr in das System gefördert werden.

Aus den Messergebnissen folgt, dass eine Alginatkonzentration von 1,5 % die bestmöglichen Resultate erzielt. Zum einen findet ein stabiler und periodischer Tröpfchenabriss über den gesamten Flussratenbereich statt. Es werden bis zu 800 monodisperse Tröpfchen pro Minute erzeugt. Zum anderen ist die Konzentration des Alginats ausreichend, um stabile Tröpfchen, die im Reservoirbereich weder platzen noch sich vereinigen, zu formen.

5.2.5 Ergebnisse der Zellverkapselung in Alginattröpfchen

Für die Durchführung der Zellverkapselungsversuche wurde ein ähnlicher Versuchsaufbau wie für die Tröpfchengenerierungsversuche verwendet. Für die Generierung der Alginattröpfchen wurde das Luft-Alginat-Gemisch aus Kap. 5.2 mit einer Alginatkonzentration von 1,5 % verwendet. Bei dieser Konzentration wurde ein periodisch monodisperser Tröpfchenabriss über den gesamten Flussratenbereich beobachtet. Darüber hinaus blieben die Tröpfchen im Reservoirbereich stabil. Die Zellverkapselung erfordert sterile Versuchsbedingungen: Die Spritzen zur Förderung der Medien, das mikrofluidische System und auch die Luft, die in das System gefördert wird, müssen keimfrei sein. Sterilisierte Spritzen sind kommerziell erhältlich, das mikrofluidische System aus PS wurde autoklaviert und die Luft wurde durch einen am Spritzenende sitzenden Luftfilter von möglichen Partikeln befreit. Die Porengröße des Luftfilters betrug $0,2\,\mu m$. Die Kapselgenerierung fand bei einer Flussrate für Luft von $100\,\mu l \cdot min^{-1}$ und bei einer Flussrate für Alginat von $80\,\mu l \cdot min^{-1}$ statt. Die generierten Alginattröpfchen fielen durch eine Öffnung im Reservoirbereich in eine Calciumchloridlösung, in der sie nach 5 min auspolymerisierten. Die Polymerisierung erfolgte durch einen Ionenaustausch zwischen den negativ geladenen Ca-Ionen und den positiv geladenen Na-Ionen.

Als problematisch stellte sich für die Kapseln die Austrittsöffnung im Reservoirbereich heraus. Die Kapseln akkumulierten an dieser Stelle. Mehrere Kapseln vereinigten sich, traten aus dem System aus und fielen nach einer kurzen Luftstrecke in die Calciumchloridlösung. Statt einzelner Kapseln bildeten sich vielmehr Alginatstränge, die aus

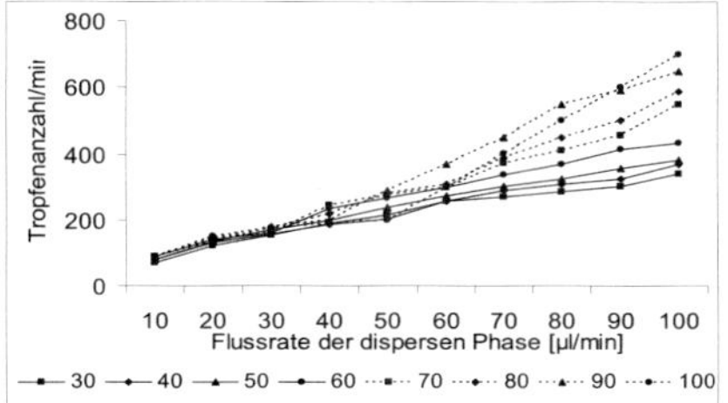

(a) Luft-1 %-Alginat-Gemisch

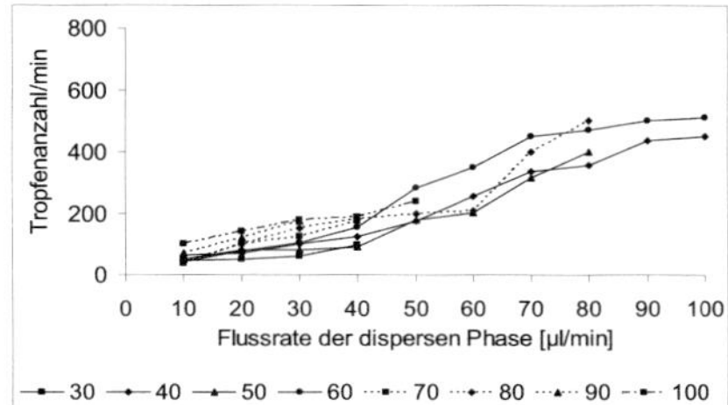

(b) Luft-1,25 %-Alginat-Gemisch

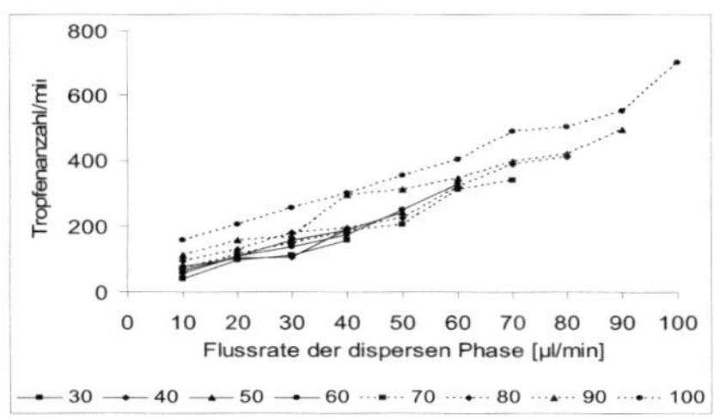

(c) Luft-1,5 %-Alginat-Gemisch

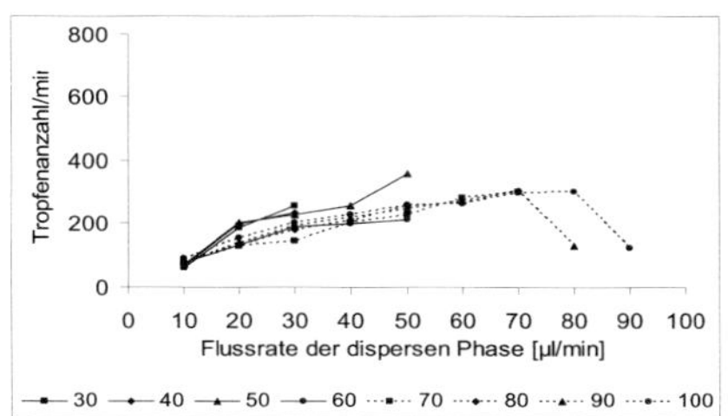

(d) Luft-1,75 %-Alginat-Gemisch

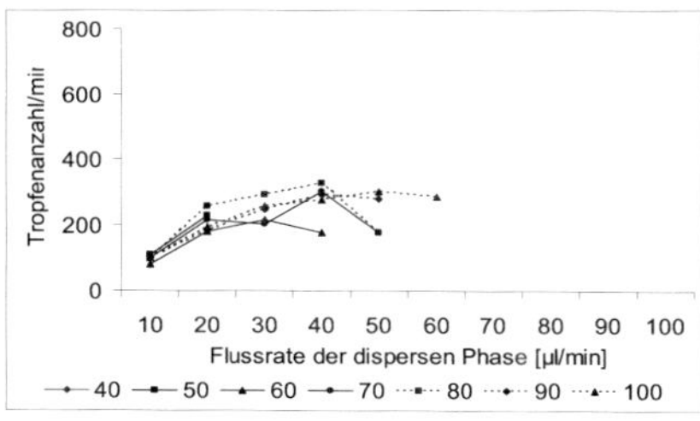

(e) Luft-2,0 %-Alginat-Gemisch

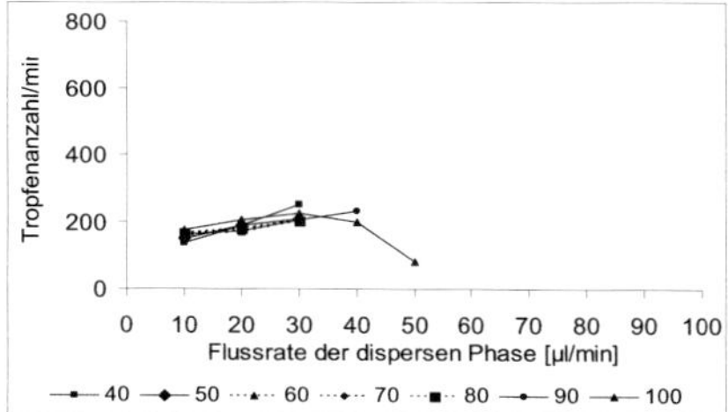

(f) Luft-2,25 %-Alginat-Gemisch

Abb. 5.7: Tröpfchengenerierungsergebnisse für unterschiedliche Alginatkonzentrationen.

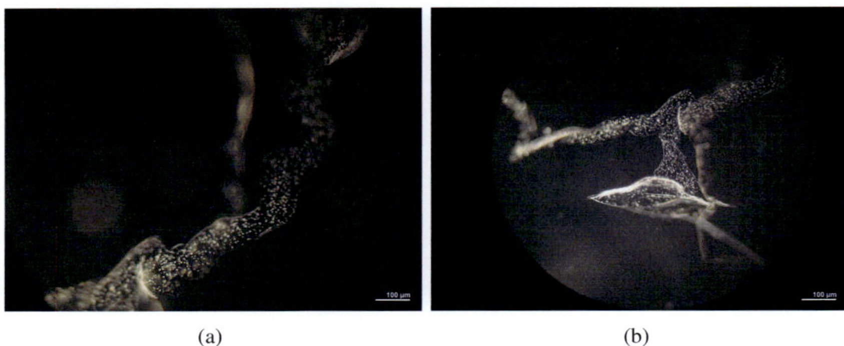

(a)   (b)

Abb. 5.8: Ergebnis der Zellverkapselung mit nicht optimierten Parametern. Es bilden sich Alginatstränge mit darin verkapselten Zellen

aneinandergereihten Kapseln bestanden und Zellen enthielten (s. Abb. 5.8). Folgende
Maßnahmen wurden daraufhin ergriffen, um einzelne Kapseln zu generieren:

- Das Reservoir wurde entfernt.

- Das mikrofluidische System wurde in die Calciumchloridlösung eingetaucht, so
  dass die Kapseln keinen Aufprall beim Eintritt in die Lösung erfahren.

- Die Calciumchloridlösung wurde mechanisch gerührt, um eine Ansammlung der
  Kapseln an der Austrittsstelle zu verhindern.

- Die Calciumchloridlösung wurde auf $37°$ erwärmt, um die Polymerisierung zu fördern.

Diese Maßnahmen wurden zunächst an dem Luft-Alginat-Gemisch ohne Zellen getestet. Die Kapselbildung erfolgte in einem Flussratenbereich für die disperse Phase von
$100\,\mu l \cdot min^{-1}$–$200\,\mu l \cdot min^{-1}$ und für die kontinuierliche Phase von $50\,\mu l \cdot min^{-1}$–$80\,\mu l \cdot min^{-1}$.
Es traten Kapseln, die eine kugelförmige Form besaßen, aus dem System heraus, aller-
dings waren sie durch dünne und stabile Alginatfäden miteinander verbunden (s. Abb
5.9). Ferner wurde beobachtet, dass die Monodispersität der erzeugten Kapseln von der
Strömungsgeschwindigkeit der Calciumchloridlösung abhängig war. Lag die Umdrehungsgeschwindigkeit der Calciumchloridlösung unterhalb von $500\,U/min$ vereinigten

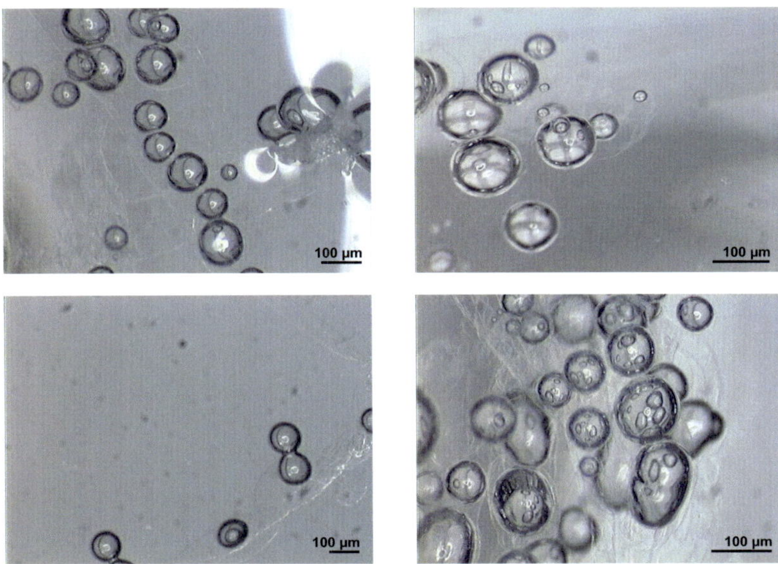

Abb. 5.9: Kapselbildung mit optimierten Parametern und 40-facher Vergrößerung aufgenommen.

sich mehrere Kapseln an der Austrittsstelle, da sie nicht prompt von der Strömung mitgerissen wurden. Das Volumen der Kapseln variierte folglich stark (s. Abb. 5.9 links oben). Bei 500 U/min wurden Satellitentröpfchen in einem größeren Tröpfchen verkapselt (s. Abb. 5.9 rechts oben und unten). Manche Kapseln enthielten bis zu drei Satellitentröpfchen. Die Kapseln hingen weiterhin an einem stabilen, aber dünnen Alginatfaden. Ihr Volumen hingegen war gleichförmiger. Erst bei einer Umdrehungsgeschwindigkeit oberhalb von 500 U/min wurden uniforme Kapseln, die an Alginatfäden hingen erzeugt, da sie prompt von der Austrittstelle abtransportiert wurden (s. Abb. 5.9 links unten). Diese Kapseln waren gleichfalls an Luft stabil.

In fortführenden Versuchsreihen müsste die Überlebensfähigkeit der Zellen über mehrere Tage in Zellkultur getestet werden. Zu diesem Zweck muss die Zellverkapselung unter einer Sterilbank erfolgen, um eine keimfreie Umgebung zu gewährleisten.

5.3 Passive Tröpfchensortierung an einer T-Kreuzung

Die für die passive Tröpfchensortierung verantwortlichen Einflussgrößen wurden bereits in Kap. 2.2.3 erörtert. Wie effizient die passive Sortierung mit veränderlichen Tochterkanaldurchmessern und unterschiedlichen Tröpfchengrößen erfolgt, ist allerdings nicht geklärt. Ebenso muss untersucht werden, wie die Tröpfchenvolumina mit den Tochterkanaldurchmessern korrelieren, um optimale Sortierungsergebnisse zu erzielen.

Bei der passiven Sortierung ist die Höhe der hydrodynamischen Kraft F_H (s. Gl. 5.1), die auf das Tröpfchen im Sortierungsbereich (T-Kreuzung) wirkt, proportional zu der Flussrate und invers proportional zu deren Durchmesser im Quadrat. Für die Klärung der beiden oben genannten Fragestellungen wurden mikrofluidische Systeme mit unterschiedlichen Tochterkanaldurchmessern hergestellt und untersucht (s. Tab. 5.2).

$$F_H = \frac{Q_1}{Q_2}$$
$$= (\frac{w_2}{w_1})^2$$
$$(5.1)$$

5.3.1 Durchführung der Messungen zur Tröpfchensortierung

Es sind von jedem Verhältnis des Tochterkanaldurchmessers zwei mikrofluidische Systemtypen gefertigt worden. Der erste Typ ist ohne weitere Oberflächenmodifikation getestet worden, mit anderen Worten, er besitzt hydrophile Kanalwände und der zweite Typ ist mit Parylen-C beschichtet worden und besitzt somit hydrophobe Eigenschaften. Parylen-C ist in diesem Zusammenhang verwendet worden, da es sich schnell und einfach aufdampfen lässt und einen 175 µm dünnen Film auf der Oberfläche, der einen Konatktwinkel von 110° besitzt. hinterlässt. Störend wirkte sich die Abbildung der Fräsriefen durch den Parlyen-C-Film, der zudem an einigen Stellen inhomogen aufwuchs, aus. Allerdings reichte die Qualität für erste Untersuchungen aus, um auf diese Weise das Sortierungsverhalten in hydrophoben Kanalsystemen zu untersuchen.

Für die Herstellung dieser wurde eine Mikrotischfräse verwendet. Mit dieser Fräse entstanden minimale Kanalbreiten von 300 µm. Alle weiteren Größe wurden von ihr abgeleitet. Diese zwei mikrofluidischen Sortierungstypen mit den jeweiligen Durchmesserverhältnissen sind mit vier unterschiedlichen Phasengemischen getestet worden:

- Luft-Wasser

Tab. 5.2: Tochterkanaldurchmesserverhältnisse $\frac{w_1}{w_2}$ bezogen auf den minimal fertigbaren Durchmesser von $300\,\mu m$

Design	1	2	3	4	5	6
w_1 [µm]	300	300	300	300	300	500
w_2 [µm]	500	600	900	1200	1500	900
$\frac{w_1}{w_2}$	$\frac{3}{5}$	$\frac{1}{2}$	$\frac{1}{3}$	$\frac{1}{4}$	$\frac{1}{5}$	$\frac{5}{9}$

- Luft-Wasser + 0,064 Gew $\cdot$ %TWEEN20

- Tetradekan-Wasser

- Tetradekan-Wasser + 0,064 Gew $\cdot$ %TWEEN20

Der untersuchte Flussratenbereich für die kontinuierliche Phase erstreckte sich von $10\,\mu l \cdot min^{-1}$ bis $70\,\mu l \cdot min^{-1}$ mit einer Schrittweite von $20\,\mu l \cdot min^{-1}$ und der für die disperse Phase von $0,5\,\mu l \cdot min^{-1}$–$5\,\mu l \cdot min^{-1}$ in $0,5\,\mu l \cdot min^{-1}$-Schritten.

5.3.2 Ergebnisse der Tröpfchensortierung in den unmodifzierten, mikrofluidischen Systemen

Grundsätzlich gilt, dass die Tröpfchensortierung in den hydrophilen mikrofluidischen Systemen maßgeblich durch die Adhäsionskräfte zwischen der wässrigen Phase und den Kanalwänden beeinflusst war.

Für die Luft-Wasser- und die Luft-Wasser(+ Tween 20)-Gemische wurde für keine der genannten Durchmesserverhältnisse eine Sortierung erzielt. Die Tröpfchen rissen auf Grund dominierender hydrodynamischer Kräfte und Adhäsionskräfte zwischen der wässrigen Phase und der Kanalwand am Sortierungskreuz entzwei. Darausfolgend formten sich zwei kleinere Tröpfchen, die sich im linken und rechten Tochterkanal bewegten. Darüber hinaus wurden nur Tröpfchen eines Durchmessers erzeugt, obwohl für deren Generierung zwei Kanäle unterschiedlichen Durchmessers im mikrofluidischen System integriert waren. Der Kanal, der den kleineren Durchmesser besaß und hinter dem breiteren Kanal lag, erzeugte kleinere Tröpfchen, die sich mit den größeren Tröpfchen vereinigten. Ebenso kam es gelegentlich am Sortierungskreuz zu einer Vereinigung von Tröpfchen. Diese allerdings erzeugte Tröpfchen unterschiedlichen Durchmessers.

Eine aussagekräftige Sortierung für das Tetradekan-Wasser-Gemisch konnte für keine der Tochterkanaldesigns durchgeführt werden. Immerhin verlief die Tröpfchenbewegung im Gegensatz zu der im Luft-Wasser-Gemisch in den Systemen mit der kontinuierlichen Ölphase ungehinderter. Das Öl verringerte die Wechselwirkungen zwischen der wässrigen Phase und der Kanalwand, indem es einen dünnen Film zwischen Kanalwand und wässriger Phase ausbildete. Dennoch waren die Adhäsionskräfte zwischen Kanalwand und wässriger Phase bei großen Tröpfchen zu hoch, um sie zu sortieren. Sie wurden in zwei kleinere Tochtertröpfchen geteilt. Bei höheren Flussraten bildeten sich trotz unterschiedlich breiter Tröpfchengenerierungskanäle nur Tröpfchen eines Volumens. Sie bewegten sich auf Grund ihres kleinen Volumens stets in den breiteren Tochterkanal mit der niedrigeren Flussrate und der geringeren hydrodynamsichen Kraft. Ferner wurde beobachtet wie sich die Tröpfchen teilweise in den Tochterkanälen sammelten und diese ausfüllten.

Lediglich das Phasengemisch Tetradekan-Wasser(+Tween 20) schwächte die Wechselwirkungen zwischen der wässrigen Phase und der Kanalwand so weit ab, dass alternierende Tröpfchenvolumina entstanden. Eine Sortierung der Tröpfchenvolumina, die diskrete Durchmesserwerte zwischen dem 1,5-fachem bis 3-fachem der Kanalbreite besaßen, erfolgte bei Flussraten von $50\,\mu l \cdot min^{-1}$ und $70\,\mu l \cdot min^{-1}$ und dem Sortierungsdesign 6 (s. Abb. 5.10).

5.3.3 Ergebnisse der Tröpfchensortierung in den Parylen-C-beschichteten, mikrofluidischen Systemen

Die Parylen-C beschichteten Systeme verbesserten geringfügig die Tröpfchengenerierung, deren Bewegung und Sortierung. Der $175\,\mu m$ dünne Parylen-C-Film bildete die Fräsriefen des Kanalsystems ab, so dass weiterhin Unebenheiten im Kanalsystem, die das Tröpfchenverhalten beeinträchtigten, vorhanden waren.

Für die Luft-Wasser- und die Luft-Wasser(+Tween 20)-Gemische entsprachen die Ergebnisse denen der unmodifzierten mikrofluidischen Systemen. Die Tröpfchen teilten sich am Sortierungskreuz und wanderten jeweils in den linken und rechten Sortierungskanal. Trotz des Parylen-Cs überwogen die Adhäsionskräfte zwischen Kanalwand und wässriger Phase.

Bei den Tetradekan-Wasser-Gemischen verlief die Tröpfchengenerierung ungehinderter.

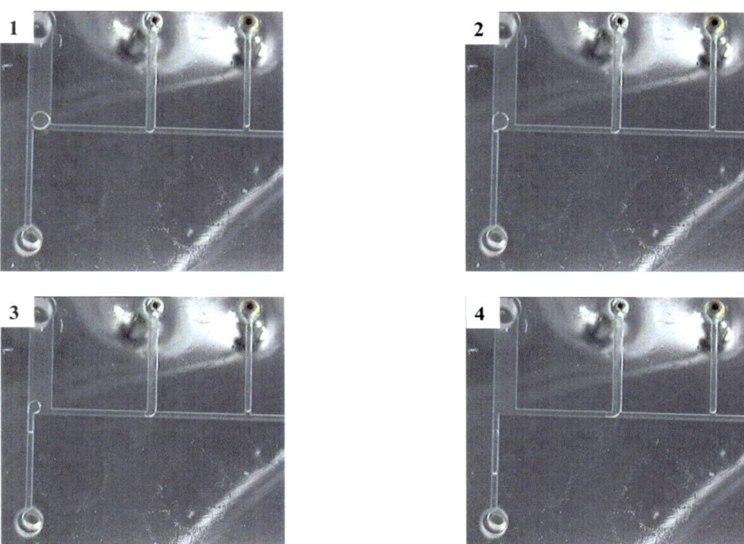

Abb. 5.10: Tröpfchensortierung in mikrofluidischem System mit einem Tochterkanaldurchmesserverhältnis von $\frac{5}{9}$ mit einem Tetradekan-Wasser(+ Tween 20)-Gemisch

Neben der hydrophoben Kanalwandbeschichtung bildete sich ein dünner Ölfilm zwischen der Kanalwand und der wässrigen Phase, der die Adhäsionskräfte abschwächte. Statt alternierender Tröpfchenvolumina wurden allerdings entweder große oder kleine Tröpfchen erzeugt. Am Sortierungskreuz wanderten die großen Tröpfchen in den schmalen Kanal und die kleinen Tröpfchen in den breiten Kanal. Zudem sammelten sich wie bei den unmodifzierten mikrofluidischen Systemen die Tröpfchen in den Sortierungskanälen und füllten diese aus.

Das Tetradekan-Wasser(+ Tween 20)-Gemisch lieferte die besten Ergebnisse von allen untersuchten Phasengemischen. Die Kombination aus der Parylen-C-Beschichtung und dem Netzmittel beseitigte nahezu die Wechselwirkungen zwischen Kanalwand und wässriger Phase. Infolgedessen wurden mit dem Design 6 Tröpfchen sortiert.

Das erfolgsversprechendste Design für die Tröpfchensortierung ist das Design 6, das ein Durchmesserverhältnis von $\frac{5}{9}$ besitzt. Mit diesem wurden Tröpfchen, deren Durchmesser im Bereich des 1,5 bis 3-fachen des Kanaldurchmessers liegen, sortiert. Allerdings wird das Sortierungsergebnis in hohem Maße von dem Benetzungszustand des mikrofluidischen Systems beeinflusst. Wasserabweisende Kanalwände garantieren eine stabile und periodische Tröpfchengenerierung, eine ungehinderte Bewegung der Tröpfchen und ein optimales Sortierungsergebnis. Das passive Sortierungsprinzip birgt einen großen Nachteil: Die zu sortierenden Tröpfenvolumina korrelieren mit den Kanaldurchmesser, weshalb die Tröpfchengrößen vorab fest gelegt sein müssen.

5.4 Zuverlässigkeit der Tröpfchenanalyse

In Kap. 4 wurde bereits die Bedeutung der Vorverarbeitung der Videosequenzen erörtert: Je präziser die Kanten identifiziert werden, desto präziser erfolgen die nachfolgenden Berechnungen der Parameter. Für die Kantenerfassung wurden die äußersten Kantenpixel verwendet.

Für den Leistungsfähigkeitstest des Programms, sind Testvideosequenzen aufgenommen, dem Programm übergeben und bearbeitet worden. Für die Aufnahme der Testsequenzen ist sowohl eine Hochgeschwindigkeitskamera (Fa. Redlake, Motion Pro High Speed), die eine Bildrate von 400 Bildern pro Sekunde mit einer Auflösung von 512×512 bereitstellt, als auch eine Kamera (JVC, TK1280), die 25 Bilder pro Sekunde analog aufnimmt, verwendet worden. Das Programm wurde auf einem portablen PC, der einen Arbeitsspeicher von 512 MB und einen 1,8 GHz Prozessor besitzt, ausgeführt. Für die Berechnung der Tröpfcheneigenschaften und der Tröpfchenabrissparameter wurde jedes Einzelbild ausgewertet und dessen Ergebnisse auf dem Bildschirm ausgegeben. Nach Abschluss der Messungen erfolgte die Ausgabe der Ergebnisse als ASCII-Textfile. Die Leistungsfähigkeit des Programms wird nach der Berechnung des Tröpfchenvolumens, des Kontaktwinkels zwischen Tröpfchen und Kanalwand und dessen Geschwindigkeitsberechnung beurteilt. Die Berechnung der drei Größen hängt maßgeblich von der Präzision der Kantenerfassung ab und ist folglich zeitintensiv.

Die Berechnung des Tröpfchenvolumens erfolgte nach der in Kap. 4.3.1 aufgeführten Gleichung. Für den Vergleich der jeweiligen Ergebnisse aus den Einzelbildern, wurde folgende Annahme getroffen: Wird ein einzelnes Tröpfchen vom Eintritt ins Messfenster bis zu dessen Austritt beobachtet, darf gemäß des Massenerhaltungsgesetzes kein Massenverlust über den untersuchten Bildraum auftreten. Jedes Einzelbild wurde neu bearbeitet, folglich wurde die Kontur des Tröpfchens für jedes Bild erfasst. Auf Grund von plötzlich auftretenden Lichtschwankungen oder Vibrationen des Messaufbaus sind Messfehler denkbar. Für die Bestimmung des Messfehlers bei der Kantenerfassung, wurden die Tröpfchenvolumina für zwanzig aufeinanderfolgende Bilder berechnet und anschließend deren Ergebnisse miteinander verglichen. Der maximal eintretende Kantenfehler beträgt bei einer Kanalbreite von 34 Pixeln, das der Kantenlänge eines Wasserplugs entspricht, drei Pixel. Der geschätzte Fehler bei der Berechnung des Tröpfchenvolumens ergibt sich aus Gl. 5.2 und beträgt $\pm 5\%$.

$$\Delta V = \left| \frac{\delta V}{\delta x} \right| \cdot \Delta x + \left| \frac{\delta V}{\delta y} \right| \cdot \Delta y + \left| \frac{\delta V}{\delta z} \right| \cdot \Delta z + ... \tag{5.2}$$

Die Standardabweichung bei der Berechnung des Tröpfchenvolumens bei zwanzig aufeinanderfolgenden Bildern beträgt $0{,}0464 \cdot 10^{-3}\,\mathrm{cm}^3$.

Die Berechnung des Kontaktwinkels erfolgte gemäß der in Kap. 4.3.4 beschriebenen Methode. Gemäß dieser wurden zwanzig aufeinanderfolgende Einzelbilder ausgewertet. Das Messergebnis hing, wie bei der Volumenberechnung, maßgeblich von der Präzision der Kantenerfassung ab. Für eine präzise Berechnung des Kontaktwinkels ist die Bestimmung des Startpunkts für die Dreiphasenkontaktlinie, an der die Tangente für die Berechnung des Kontaktwinkels angelegt wird, entscheidend (s. Abb. 5.11). Allerdings war es nicht möglich, die Einzelbilder untereinander zu vergleichen, um den Messfehler zu bestimmen. Das Tröpfchen hätte beim Durchlaufen des Messfensters unter dem Einfluss lokaler Benetzungszustandsänderung stehen können. Aus diesem Grund wurden die Kontaktwinkelergebnisse mit einer kommerziell erhältlichen Kontaktwinkelsoftware (*Screen Protractor*) verglichen. Bei der Software Screen Protractor wurde die Basislinie, von der aus die Tangente zur Berechnung des Kontaktwinkels angelegt wurde, manuell eingestellt, so dass sich eine weitere Messunsicherheit ergab. Aus diesem Vergleich folgte ein maximaler Fehler von 3%. Die Standardabweichung betrug bei zwanzig Bildern $\pm 1°$. Diese Angaben beziehen sich sowohl auf den Fortschreite- als auch auf den Rückzugswinkel.

Für die Berechnung der Tröpfchengeschwindigkeit gemäß Kap. 4.3.3 wurde der Positionsunterschied Δx zwischen zwei aufeinanderfolgenden Einzelbildern bestimmt. Der Messfehler resultierte aus der Bestimmung der Tröpfchenreferenzpunkte, die wiederum von der Kantenerfassung abhingen. Die Bildfolgenrate ist konstant und wurde vor Messbeginn festgelegt. Der maximale Fehler bei der Positionsbestimmung des Tröpf-

Bild nach Preprocessing

Bild nach Erfassung der Tangente für die
Kontaktwinkelberechnung

Abb. 5.11: Ergebnis der Kontaktwinkelerfassung.

links: Bild nach dem Preprocessing.

rechts: Bild nach Erfassen der Tangente für die Kontaktwinkelberechnung.

chens betrug 3 Pixel.

Von der Berechnung der Tröpfchengeschwindigkeit hängt indirekt auch die Kapillar-zahlberechnung ab. Für ihre Berechnung wurde angenommen, dass die kontinuierliche Phase mit derselben Geschwindigkeit wie das Tröpfchen fließt. Daraus folgt der selbe Messfehler.

Alle weiteren Tröpfchenabrissparameter sind materialabhängig und wurden deshalb nicht in den Leistungsfähigkeitstest einbezogen.

Dieses Programm bietet die Möglichkeit schnell, präzise und einfach alle notwendigen Tröpfcheneigenschaften und deren Abrissparameter zu bestimmen. Die Ergebnisse aus den Messungen ermöglichen ein tiefergehendes Verständnis für den Tröpfchenabriss zu entwickeln. Darüber hinaus erlaubt es schnell und einfach Optimierungspotential für die Tröpfchengenerierungsmodule ausfindig zu machen, um eine monodisperse Tröpfchengenerierung zu gewährleisten. Lichtschwankungen oder Vibrationen des Messaufbaus beeinträchtigen das Messergebnis auf. Da dieses Programm allerdings konstantem künstlichem Licht im Labor ausgesetzt ist, ist dieses Problem vernachlässigbar.

6 Zusammenfassung und Ausblick

6.1 Zusammenfassung der Arbeit

In der vorliegenden Arbeit wurden erstmalig dreidimensional nanostrukturierte und superhydrophobe mikrofluidische Systeme auf Polymerbasis für die Generierung von monodispersen Tröpfchen in Zwei-Phasen-Systemen vorgestellt. Anwendung fanden diese in der Verkapselung lebender Zellen. Hierfür wurde, wie folgt, vorgegangen:

- **Experimentelle Bestimmung der Tröpfchenabrissparameter**

  Für die Generierung monodisperser Tröpfchen wurden in Vorversuchen die am Tröpfchenabriss beteiligten Einflussgrößen in gefrästen mikrofluidischen Systemen aus PMMA ermittelt. Die Tröpfchenbildung erfolgte an einer T-Kreuzung. Neben den Flussraten der flüssigen Medien, der Viskosität dieser und deren Temperatur war der Einfluss des Bentzungszustands der Kanalwände dominierend.

- **Numerische Simulation des Tröpfchenabrisses in hydrophilen und superhydrophoben mikrofluidischen Systemen**

  Für die Bestimmung der Größe des Einflusses des Benetzungszustandes auf den Tröpfchenabriss wurden numerische Simulationen in hydrophilen und superhydrophoben mikrofluidischen Systemen durchgeführt. Aus den numerisch bererchneten Ergebnissen folgt, dass sich bei Kontaktwinkeln $\geq 120°$ monodisperse Tröpfchen in periodischen Intervallen bilden. Im Vergleich dazu erfolgt der Tröpfchenabriss in hydrophilen Systemen in unregelmäßigen Abständen, woraus ungleiche Tröpfchenvolumina resultieren.

- **Ermittlung eines wasserabweisenden Strukturmusters**

  Der Benetzungszustand wurde durch physikalische Strukturierung der Polymeroberfläche beeinflusst. Aus der Evaluation verschiedener Strukturmuster nach der Cassie-Baxter-Theorie folgte, dass zylindrische Säulen in einem hexagonalen Gitter mit einem Säulendurchmesser von 200 nm und einem Abstand von 400 nm den höchsten kritischen Druck bei gleichzeitig kleinster Auflagefläche bieten.

- **Konzeption und Umsetzung eines Fertigungsprozesses für die dreidimensionale Integration superhydrophober Nanostrukturen in ein mikrofluidisches System**

  Ausschlaggebend für die Generierung monodisperser Tröpfchen ist, dass sich die Nanotrukturen auf allen Kanalwänden befinden, um einen uniformen superhydrophoben Benetzungszustand zu gewährleisten. Zu diesem Zweck wurde erstmals ein Fertigungsprozess, der die Nanostrukturen dreidimensional in ein Kanalsystem integriert, entwickelt: Für die Fertigung der wasserabweisenden Nanostrukturen wurde ein Shimformeinsatz sowohl über Elektronen- als auch über Interferenzlithografie und anschließender Replikation der Resiststrukturen durch Nickelgalavanik erzeugt. Er wurde über das Vakuumheißprägeverfahren in dünne PMMA-, PC- und PS-Folien abgeformt. Die dreidimensionale Integration der Nanostrukturen in ein mikrofluidisches System erfolgte durch Umformung der dünnen, geprägten Folie in eine Maske mit integriertem Fluidiksystem über das Mikrothermoformverfahren. Es konnte gezeigt werden, dass dieses Fertigungsverfahren reproduzierbare mikrofluidische Systeme mit sehr guter Strukturqualität erzeugt. Die Strukturen wiesen auf einer Fläche von $4\,cm^2$ nur wenige Fehlstellen auf. Die Defektstellenrate betrug für alle drei Polymere 0,5 % Diese Strukturqualität blieb selbst nach erneutem thermischen Einwirken durch das Mikrothermoverfahren vollständig erhalten. Die durch das Mikrothermoformverfahren gebildeten halbrunden Kanäle wirken sich begünstigend auf das Ströumgsverhalten der flüssigen Medien aus, da sie diese fokussieren. Darüber hinaus zeichnet sich das Fertigungsverfahren durch Zykluszeiten von 60 min aus.

- **Ermitteln eines biokompatiblen Oberflächenfunktionalisierungsverfahren** Für eine weitergehende Optimierung des Benetzungszustandes wurden zwei Oberflächenfunktionalisierungsverfahren angewandt und miteinander verglichen: Die Oberflächenfunktionalisierung über das Biomolekül HFBI und über das Sputtern einer Goldschicht. Sie mussten die Anforderungen biokompatibel, in dünnen Schichten auf den Nanostrukturen aufliegend und schnell und einfach zu realisieren erfüllen. Das Biomolekül HFBI ordnet sich selbstständig in einer Monolage auf Oberflächen an. Die Adsorption und Desorption von HFBI auf Glas- und Siliziumoberflächen wurde bereits untersucht. Indessen war bis zu dem Zeitpunkt unklar, wie die Adsorption und Desorption von HFBI auf Polymeroberflächen, wie beispielsweise PMMA, PC oder PS, erfolgt. Dies wurde in einer QCM Messzelle bei unterschiedlichen pH-Werten und unterschiedlichen Tween 20 Konzentrationen untersucht. Die Adsorption erreichte bei einem pH-Wert von 5,5 ihr Optimum. Allerdings wurden die Biomolekülschichten durch das Tween 20 zum Teil entfernt oder ersetzt, woraus folgt, dass die Schicht nicht robust gegenüber Netzmitteln ist. Kontaktwinkelmessungen zeigten, dass durch die HFBI-Schicht der Kontaktwinkel auf ca. $20°$ verringert wurde. Eine weitere Immobilisierung von Whiskern, die den Kontaktwinkel erhöhen sollte, war nicht durchführbar, weder durch Layer-by-Layer-Verfahren noch durch Immobilisierung der Moleküle in Lösung und anschließendem Aufbringen auf die Oberfläche. Deshalb wurde dieses Verfahren nicht weiter verfolgt. Allerdings liefert die Untersuchung grundlegende Erkenntnisse zu dem Adsorptions- und Desorptionsverhalten von Biomolekülen auf Polymeroberflächen. Für die Oberflächenfunktionalisierung wurden demzufolge gesputterte Goldschichten verwendet. Sie lagern sich in Goldagglomeraten auf den Nanostrukturen an, wodurch sie die Rauheit erhöhen und die Benetzung verringern.

- **Charakterisierung der superhydrophoben Oberflächen**

  Für eine vollflächige Charakterisierung der strukturierten Folien wurden statische und dynamische Kontaktwinkelmessungen durchgeführt. Der Kontaktwinkel stieg im Falle vom goldbeschichteten PMMA um mehr als $50°$ und bei den goldbeschichteten PC- und PS-Folien um mehr als $40°$ an. Für alle drei Polymere lagen die Kontaktwinkel oberhalb des gewünschten kritischen Werts von $120°$. Die Kontaktwinkelhysterese lag für alle drei Polymere unter $20\,\%$. Demzufolge weisen die Oberflächen nur vereinzelt Fehlstellen auf und besitzen eine sehr gute Strukturqualität. Dieses Ergebnis stimmt mit den gmessenen Defektstellenraten anhand der REM-Aufnahmen der geprägten Polymerfolien überein. Neben der sehr guten Strukturqualität erfolgt die Tropfenmobilität auf diesen Oberflächen sehr gut, da nahezu keine Energiebarrieren überwunden werden müssen.

Für den Nachweis der analytisch berechneten idealen wasserabweisenden Strukturdimensionen wurde eine Strukturvariation durchgeführt. Die Ergebnisse zeigten, dass Strukturdimensionen im Nanometerbereich höhere Kontaktwinkel erzeugen als solche im Mikrometerbereich. Sie bestätigen folglich die analytischen Berechnungen. Zudem zeigte sich, dass Säulenabstände, die das Einfache und das Vierfache des Säulendurchmessers betragen, höhere Kontaktwinkel erzielen.

- **Charakterisierung des superhydrophoben mikrofluidischen Systems**

  Mit den hydrophilen und superhydrophoben mikrofluidischen Systemen wurden der Vergleichbarkeit halber Versuche zur Tröpfchengenerierung durchgeführt. In den hydrophilen Systemen dispergierte Luft in Wasser. Der Abriss erfolgte unperiodisch und erzeugte infolgedessen keine konstanten Tröpfchenvolumina. Der Tröpfchenabriss im Falle der superhydrophoben Systeme erfolgte gemäß der numerischen Ergebnisse periodisch und folglich monodispers. Es wurden Luft-Wasser und Luft-Alginat-Gemische untersucht. Der Tröpfchenvolumenbereich, der sich reproduzierbar einstellen ließ, bewegte sich zwischen 0,5 µl–4 µl Die maximal auftretende Abweichung des Tropfenvolumens lag bei großen Tröpfchen bei 3 % und bei kleinen bei 1 %. Es wurden Tröpfchenraten von mehr als 800 Tröpfchen pro Minute bei hohen Flussraten erzielt. Dafür wurden einminütige Tröpfchenvideosequenzen mit dem eigens entwickelten Tröpfchenanalyseprogramm ausgewertet. Darüber hinaus wurde der Einfluss der Viskosität auf den Tröpfchenabriss untersucht. Zu diesem Zweck wurde Alginat mit ansteigender Konzentration verwendet. Bei niederviskosem Alginat erfolgte der Tröpfchenabriss stabil und periodisch über den gesamten Flussratenbereich. Bei hochviskosem Alginat allerdings wurde das System träge. Das System benötigte bis zu einer Minute, um sich zu stabilisieren und bei Abschalten der Spritzenpumpen wurden Tröpfchen nachproduziert. Ein Tröpfchenabriss war nur bei hohen Flussraten möglich. In der vorliegenden Arbeit wurde der Tröpfchenabriss unter dem Einfluss hoch und niederviskoser Medien, bei ansteigenden Flussraten und in hydrophilen und superhydrophoben Kanalsystemen untersucht, so dass eine vollständige Charakterisierung des Systems vorliegt. Das dreidimensional nanostrukturierte und superhydrophobe mikrofluidische System wurde für die Verkapselung von lebenden Zellen in Alginatkapseln angewendet. Erste Untersuchungen demonstrieren die Eignung dieses Systems für die Generierung monodisperser Kapseln. In einer Kapseln befanden sich bis zu 100 Zellen. Somit erfüllt dieses System die Anforderung standardisierte Versuchbedingungen für die Untersuchung von lebenden Zellen in Alginatkapseln zu liefern, indem es uniforme Tröpfchengeometrien mit konstanten Volumina erzeugt.

- **Entwicklung und Implementierung eines Softwareprogramm für die Tröpfchenanalyse**

  Für die Untersuchung des Tröpfchenabrissverhaltens und für den Nachweis der Monodispersität der erzeugten Tröpfchen wurde ein Bildverarbeitungsprogramm konzipiert und implementiert. Das Programm ist in der Lage Videosequenzen mit Bildraten bis zu 100 Bildern pro Sekunde in Echtzeit zu bearbeiten. Es misst das Tröpfchenvolumen mit einem maximalen Messfehler von 3 % und den Kontaktwinkel zwischen Tröpfchen und Kanalwand mit einer Standardabweichung von $\pm 1°$. Durch die berührungslose, präzise und echtzeitfähige Berechnung der Größen eignet sich das Programm als Messverfahren für tröpfchenfluidische Untersuchungen.

6.2 Ausblick

Der in dieser Arbeit vorgestellte Fertigungsprozess und insbesondere das Mikrothermoformverfahren erlaubt eine schnelle, einfache und kostengünstige Umsetzung von tröpfchenbasierten mikrofluidischen Systemen für eine Vielzahl von bioanalytischen Anwendungen. Ein vielversprechendes Anwendungsgebiet ist die Verkapselung von einzelnen lebenden Zellen. Erste Erfolge mit diesem System wurden in der vorgestellten Arbeit nachgewiesen (s. Kap. 5.2.5). Weiterführende Arbeiten könnten das System erweitern, um das Auspolymerisieren der Kapseln zu erleichtern und um einzelne Zellen zu verkapseln. Das Auspolymerisieren der Kapseln kann durch Zuführen der Polymerisierungslösung über einen weiteren Kanal innerhalb des mikrofluidischen Systems erfolgen (s. Abb. 6.1). Ein Monitoring der Anzahl der verkapselten Zellen ist über eine Erweiterung des bildverarbeitenden Programms möglich. Im Falle von mehreren oder keinen Zellen in der Kapsel gibt das Programm diese Information an ein Sortierungselektrodenpaar, welches die Einzelkapseln von diesen absondert, weiter. Entsprechende Voruntersuchungen zur Sortierung von Tröpfchen liegen vor (s. Kap. 5.3).

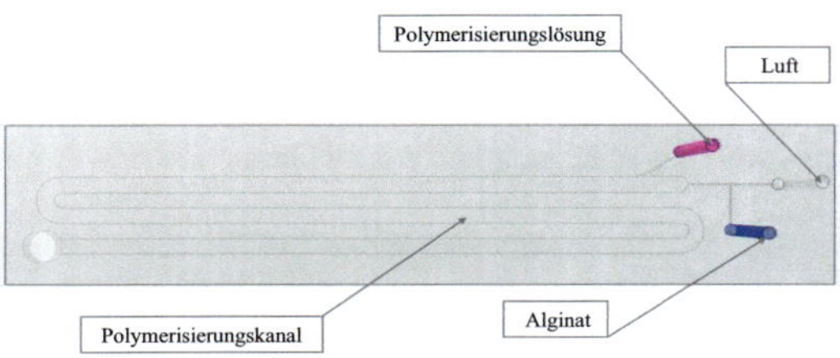

Abb. 6.1: Tröpfchenbasiertes mikrofluidisches System zur Zellverkapselung mit integriertem Polymerisierungskanal, in dem die Polymerisierung der Alginattröpfchen statt findet. Kanallänge und -breite sind an die Polymerisierungsdauer angepasst.

Die dreidimensional nanostrukturierten und superhydrophoben mikrofluidischen Systeme eignen sich darüber hinaus auch für die Klärung grundlegender Fragen in der Strömungsmechanik. Beispielsweise für die Frage, wie sich Fluide in diesen Systemen bewegen. Die Haftungsbedingung für Fluide an den superhydrophoben Kanalwänden gilt nicht. Vielmehr gleiten sie auf diesen Oberflächen. Für die Bestimmung der effektiven Gleitlänge, müssen geeignete Messverfahren entwickelt werden.

7 Appendix :Zellkultivierungsprotokoll

Für die Verkapselung von lebenden Zellen wurden Zellkulturen, die im Rahmen einer Kooperation mit der Arbeitsgruppe Prof. Sleeman vom Institut für Toxikologie und Genetik (ITG, Karlsruhe Institut für Technologie) bereitgestellt. Für die Zellkultur und die Zellernte wurde nach folgendem Protokoll vorgegangen ([118]):

7.1 Zellkultur und -ernte

Primäre menschliche lymphatische Endothelzellen (LEC) und menschliche umbilicale vein Endothelzellen (HUVECs) wurden von Cambrex oder Provitro (Heidelberg, Deutschland) gekauft. Die LEC und HUVEC-Zellen wurden in endothelem Zellmedium (Cambrex, Verviers, Belgien), das zusätzlich mit 5 % fetalem Kälberserum (FCS, Invitrogen, Karlsruhe, Deutschland) ergänzt wurde, gehalten. Nur frühe Passagen der LEC-Zellen, die ein LEC-Markerprofil behalten haben, wurde für die Untersuchung verwendet. Die HUVEC-Zellen waren in Passage 8. Die Zellen wurden geerntet, mit einem 70 % eiskaltem Ethanolgemisch vermischt und über Nacht bei $4° \cdot °C$ fixiert. Anschließend wurden die Zellen bei 530 g für 5 min pelletiert, einmal mit Phosphat-gepufferter Salzlösung (PBS, Invitrogen) gewaschen, gefolgt von einem Färbungsschritt im Dunklen mit Draq5 (Biostatus Limited, Leicestershire, Großbrittanien) bei einer finalen Konzentration von 10 µM für 15 min. Die Zellzyklenanalyse wurde mit einem FACScan Gerät (Becton Dickinson, Heidelberg, Deutschland) durchgeführt, um den DNA-Gehalt der Zellen zu bestimmen.

Tabellenverzeichnis

Literaturverzeichnis

[1] L. Zimmermann, M. Guttmann, A. Guber, and V. Saile, "A novel fabrication method to integrate super hydrophobic nanostructures into microfluidic systems," *in Proc. of the 2nd International Symposium on Applied Sciences in Biomedical and Communication Technologies*, 2009.

[2] L. Zimmermann, M. Guttmann, S. Manegold, A. Guber, and V. Saile, "Super hydrophobic nano structures realized on thin polymer films for microfluidic applications," *in Proc. of the 2nd International conference on functional nanocoatings*, 2010.

[3] G. M. Whitesides, "The origins and the future of microfluidics," *Nature 442*, pp. 368 – 373, 2006.

[4] M. Prakash and N. Gershenfeld, "Microfluidic bubble logic," *Science*, vol. 315, no. 5813, pp. 832 – 835, 2007.

[5] A. Grodrian, J. Metze, T. Henkel, K. Martin, M. Roth, and J. M. Köhler, "Segmented flow generation by chip reactors for highly parallelized cell cultivation," *Biosensors and Bioelectronics 19*, pp. 1421 – 1428, 2004.

[6] T. Henkel, T. Bermig, M. Kielpinski, A. Grodrian, J. Metze, and J. M. Köhler, "Chip modules for generation and manipulation of fluid segments for micro serial flow processes," *Chemical Engineering Journal 101*, pp. 439 – 445, 2004.

[7] J. M. Köhler, T. Henkel, A. Grodrian, T. Kirner, M. Roth, K. Martin, and J. Metze, "Digital reaction technology by micro segmented flow-components, concepts and applications," *Chemical Engineering Journal 101*, pp. 201 – 216, 2004.

[8] J. M. Köhler and T. Kirner, "Nanoliter segment formation in micro fluid devices for chemical and biological micro serial flow processes in dependence on flow rate and viscosity," *Sensors and Actuators A: Physical 119*, pp. 19 – 27, 2005.

[9] T. Nisisako, T. Torii, and T. Higuchi, "Droplet formation in a microchannel network," *Lab Chip 2*, pp. 24 – 26, 2002.

[10] T. Thorsen, R. W. Roberts, F. H. Arnolds, and S. R. Quake, "Dynamic pattern formation in a vesicle-generating microfluidic device," *Physical Review Letters 86*, pp. 4163 – 4166, 2001.

[11] A. Günther, S. A. Khan, M. Thalmann, F. Trachsel, and K. F. Jensen, "Transport and reaction in microscale segmented gas-liquid flow," *Lab Chip 4*, pp. 278 – 286, 2004.

[12] S. A. Khan, A. Günther, M. A. Schmidt, and K. F. Jensen, "Microfluidic synthesis of colloidal silica," *Langmuir 20*, pp. 8604 – 8611, 2004.

[13] H. Song, J. D. Tice, and R. F. Ismagilov, "A microfluidic system for controlling reaction networks in time," *Angew. Chem. Int. Ed. 42*, pp. 767 – 772, 2003.

[14] B. Zheng, J. D. Tice, S. Roach, and R. F. Ismagilov, "A droplet-based, composite pdms/glass capillary microfluidic system for evaluating protein crystallization conditions by microbatch and vapor-diffusion methods with on-chip x-ray diffraction," *Angew. Chem. Int. Ed. 43*, pp. 2508 – 2511, 2004.

[15] B. Zheng and R. F. Ismagilov, "A microfluidic approach for screening submicroliter volumes against multiple reagents using preformed arrays of nanoliter plugs in a three-phase liquid/liquid/gas flow," *Angew. Chem. Int. Ed. 44*, pp. 2520 – 2523, 2005.

[16] T. Hatakeyama, D. L. Chen, and R. F. Ismagilov, "Microgram-scale testing of reaction conditions in solution using nanoliter plugs in microfluidics with detection by maldi-ms," *J. Am. Chem. Soc. 128*, pp. 2518 – 2519, 2006.

[17] H. Song, D. L. Chen, and R. F. Chen, "Reactions in droplets in microfluidic channels," *Angew. Chem. Int. Ed. 45*, pp. 7336 – 7356, 2006.

[18] J. Q. Boedicker, L. Li, T. R. Kline, and R. F. Ismagilov, "Detecting bacteria and determining their susceptibility to antibiotics by stochastic confinement in nanoliter droplets using plug-based microfluidics," *Lab Chip 8*, pp. 1265 – 1272, 2008.

[19] L.-H. Hung, K. M. Choi, W.-Y. Tseng, Y.-C. Tan, K. J. Shea, and A. P. Lee, "Alternating droplet generation and controlled dynamic droplet fusion in microfluidic device for cds nanoparticle synthesis," *Lab Chip 6*, pp. 174 – 178, 2006.

[20] A. Torkkeli, *Droplet microfluidics on a planar surface*. PhD thesis, Helsinki University of Technology, 2003.

[21] F. Malloggi, S. A. Vanapalli, H. Gu, D. V. D. Ende, and F. Mugele, "Electrowetting-controlled droplet generation in a microfluidic flow-focusing device," *J. Phys.: Condens. Matter 19*, p. 462101, 2007.

[22] M. Gunji and M. Washizu, "Self-propulsion of a water droplet in an electric field," *J. Phys. D: Appl. Phys. 38*, pp. 2417 – 2423, 2005.

[23] T. Taniguchi, T. Torii, and T. Higuchi, "Chemical reactions in microdroplets by electrostatic manipulation of droplets in liquid media," *Lab Chip 2*, pp. 19 – 23, 2002.

[24] T. B. Jones, M. Gunji, M. Washizu, and M. J. Feldman, "Dielectrophoretic liquid actuation and nanodroplet formation," *J. Appl. Phys. 89*, pp. 1441 – 1448, 2001.

[25] M. G. Pollack, R. B. Fair, and A. D. Shenderov, "Electrowetting-based actuation of liquid droplets for microfluidic applications," *J. Appl. Phys. 77*, pp. 1725 – 1726, 2000.

[26] V. Srinivasan, V. K. Pamula, and R. B. Fair, "Droplet-based microfluidic lab-on-a-chip for glucose detection," *Analytica Chimica Acta 507*, pp. 145 – 150, 2004.

[27] S.-K. Hsiung, C.-T. Chen, and G.-B. Lee, "Micro-droplet formation utilizing microfluidic flow focusing and controllable moving-wall chopping techniques," *J. Micromech. Microeng. 16*, pp. 2403 – 2410, 2006.

[28] K. Hosokawa, T. Fujii, and I. Endo, "Handling of picoliter liquid samples in a poly(dimethylsiloxane)-based microfluidic device," *Anal. Chem. 71*, pp. 4781 – 4785, 1999.

[29] Y.-C. Chung, C.-P. Jen, Y.-C. Lin, C.-Y. Wu, and T. Wu, "Design of a recursively-structured valveless device for microfluidic manipulation," *Lab Chip 03*, pp. 168 – 172, 2003.

[30] T. Lindemann, *Droplet generation from the nanoliter to the femtoliter range.* PhD thesis, Albert-Ludwigs-Universität Freiburg im Breisgau, 2006.

[31] H. Seitz and J. Heinzl, "Modelling of a microfluidic device with piezoelectric actuators," *J. Micromech. Microeng. 14*, pp. 1140 – 1147, 2004.

[32] H. A. Stone, A. D. Stroock, and A. Ajdari, "Engineering flows in small devices: Microfluidics toward a lab-on-a-chip," *Annu. Rev. Fluid Mech. 36*, pp. 381 – 441, 2004.

[33] T. M. Squires and S. R. Quake, "Microfluidics: physics at the nanoliter scale," *Review of Modern Physics 77*, pp. 977 – 1026, 2005.

[34] J. Atenica and D. J. Beebe, "Controlled microfluidic interfaces," *Nature 437*, pp. 648 – 655, 2005.

[35] J. W. S. Rayleigh, "On the instability of jets," *Proc. Londin Math. Soc. 10*, p. 4, 1879.

[36] J. A. F. Plateau, "Statique experimentale et theorique des liquides soumis aux seules forces moleculaires," *Gauthiers-Villars, Paris*, 1879.

[37] X. Niu, M. Zhang, S. Peng, W. Wen, and P. Sheng, "Real time detection, control and sorting of microfluidic droplets," *Biomicrofluidics 1*, p. 044101, 2007.

[38] J.-C. Barret, O. J. Miller, V. Taly, M. Ryckelynck, A. El-Harrak, L. Frenz, C. Rick, M. L. Samuels, J. B. Hutchison, J. J. Agresti, D. R. Link, D. A. Weitz, and A. D. Griffiths, "Fluorescence activated droplet sorting (fads): efficient microfluidic cell sorting based on enzymatic activity," *Lab Chip 9*, pp. 1850 – 1858, 2009.

[39] K. Ahn, C. Kerrbage, T. P. Hunt, D. R. Link, and D. A. Weitz, "Dielectrophoretic manipulation of droplets for high-speed microfluidic sorting devices," *Appl. Phys. Letters 88*, p. 024104, 2006.

[40] S. Köster, F. E. Angile, H. Duan, J. J. Agresti, A. Wintner, C. Schmitz, A. C. Rowat, C.-A. Merten, D. Pisignano, A. D. Griffiths, and D. A. Weitz, "Drop-based microfluidic devices for encapsulation of single cells," *Lab Chip 8*, pp. 1110 – 1115, 2008.

[41] C. N. Baroud, M. R. de Saint Vincent, and J.-P. Delville, "An optical toolbox for total control of droplet microlfuidics," *Lab Chip 7*, pp. 1029 – 1033, 2007.

[42] C. N. Baroud, J.-P. Delville, F. Gallaire, and R. Winnenburger, "Thermocapillary valve for droplet production and sorting," *Phys. Rev. E 75*, p. 046302, 2007.

[43] Y.-C. Tan, J. S. Fisher, A. I. Lee, V. Cristini, and A. P. Lee, "Design of microfluidic channel geometries for the control of dropet volume, chemical concentration, and sorting," *Lab Chip 4*, pp. 292 – 298, 2004.

[44] Y.-C. Tan, Y. L. Ho, and A. P. Lee, "Microfluidic sorting of droplets by size," *Microfluid Nanofluid 4*, pp. 343 – 348, 2008.

[45] D. Huh, J. H. Bahng, Y. Ling, H.-H. Wei, D. D. Kripfgans, J. B. Fowlkes, J. B. Grotberg, and S. Takayama, "Gravity driven microfluidic particle sorting device with hydrodynamic separation amplification," *Anal. Chem. 79*, pp. 1369 – 1376, 2007.

[46] T. Müller, *Konzeption und Fertigung eines mikrofludischen Bauteils zum Sortieren von Tröpfchen*. PhD thesis, KIT, 2010.

[47] C. Gerthsen and D. Meschede, *Gerthsen Physik*. 2003.

[48] T. Young, "An essay on the cohesion of fluids," *Philos. Trans. R. Soc. London 95*, p. 65, 1805.

[49] R. N. Wenzel, "Resistance of solid surfaces to wetting by water," *Ind. Eng. Chem. 28*, pp. 988 – 994, 1936.

[50] J. Bico, C. Marzolin, and D. Quere, "Pearl drops," *Europhysics Letters 47(2)*, pp. 220 – 226, 1999.

[51] N. A. Patankar, "Mimicking the lotus effect: influence of double roughness structures and slender pills," *Langmuir 20*, pp. 8209 – 8213, 2004.

[52] A. Shastry, S. Goyal, A. Epilepsia, M. J. Case, S. Abbasi, B. Ratner, and K. F. Böhringer, "Engineering surface micro-structure to control fouling and hysteresis in droplet based microfluidic bioanalytical systems," *Solid-State Sensors, Actuators, and Microsystems Workshop*, 2006.

[53] D. Quere, "Rough ideas on wetting," *Physica A 313*, pp. 32 – 46, 2002.

[54] M. Callies and D. Quere, "On water repellency," *Soft Matter 1*, pp. 55 – 61, 2005.

[55] M. Ma and R. M. Hill, "Superhydrophobic surfaces," *Current opinion in Colloid & Interface Science 11*, pp. 193 – 202, 2006.

[56] K. Koch, H. F. Bohn, and W. Barthlott, "Hierarchically sculptured surfaces and superhydrophobicity," *Langmuir, in press*, 2009.

[57] L. Vogelaar, R. G. H. Lammertink, and M. Wessling, "Superhydrophobic surfaces having two-fold adjustable roughness prepared in a single step," *Langmuir 22*, pp. 3125 – 3130, 2006.

[58] D. Ömer and T. J. McCarthy, "Ultrahydrophobic surfaces. effects of topography length scales on wettability," *Langmuir 16*, pp. 7777 – 7782, 2000.

[59] U. Mock, R. Förster, W. Menz, and J. Rühe, "Towards ultrahydrophobic surfaces: a biomimetic approach," *J. Phys: Condens. Matter 17*, pp. 639 – 648, 2005.

[60] C. Marzolin, S. P. Smith, M. Prentiss, and G. M. Whitesides, "Fabrication of glass microstructures by micro-molding of sol-gel precursors," *Adv. Mater. 10*, pp. 571 – 574, 1998.

[61] M. Callies, Y. Chen, F. Marty, A. Pepin, and D. Quere, "Microfabricated textured surfaces for super-hydrophobicity investigations," *Microelectronic Engineering 78-79*, pp. 100 – 105, 2005.

[62] O. Sandre, L. Gorre-Talini, A. Ajdari, J. Prost, and P. Silberzan, "Moving droplets on asymmetrically structured surfaces," *Physical Review E 60*, pp. 2964 – 2972, 1999.

[63] S. A. Kulinich and M. Farzaneh, "Hydrophobic properties of surfaces coated with fluoroalkylsiloxane and alkylsiloxane monolayers," *Surface Science 573*, pp. 379 – 390, 2004.

[64] L. M. Lacroix, M. Lejeune, L. Ceriotti, M. Kormunda, T. Meziani, P. Colpo, and F. Rossi, "Tuneable rough surfaces: A new approach for elaboration of superhydrophobic films," *Surf. Sci 592*, pp. 182 – 188, 2005.

[65] M.-F. Wang, N. Raghunathan, and B. Ziaie, "A non-lithographic top-down electrochemical approach for creating hierrarchical (micro-nano) superhydrophobic silicon surfaces," *Langmuir 23*, pp. 2300 – 2303, 2007.

[66] N. J. Shirtcliffe, G. McHale, M. I. Newton, and C. C. Perry, "Wetting and wetting transitions on copperr-based super-hydrophobic surfaces," *Langmuir 21*, pp. 937 – 943, 2005.

[67] M. Morita, T. Koga, H. Otsuka, and A. Takahara, "Macroscopic-wetting anisotropy on the line patterned surface of fluoralkylsilane monolayers," *Langmuir 21*, pp. 911 – 918, 2005.

[68] A. D. Stroock, S. K. W. Dertinger, A. Ajdari, I. Mezic, H. A. Stone, and G. M. Whitesides, "Chaotic mixer for microchannels," *Science 295*, pp. 647 – 651, 2002.

[69] N. S. Lynn and D. S. Dandy, "Geometrical optimization of helical flow in grooved micromixers," *Lab Chip 7*, pp. 580 – 587, 2007.

[70] S. M. Kim, S. H. Lee, and K. Y. Suh, "Cell research with physically modified mircofluidic channels: A review," *Lab Chip 8*, pp. 1015 – 1023, 2008.

[71] C.-H. Choi and C.-J. Kim, "Large slip of aqueous liquid flow over a nanoengineered superhydrophobic surface," *Phys. Rev. Lett. 96*, p. 0066001, 2006.

[72] A. M. Rajnicek and S. B. C. D. McCaig, "Contact guidance of cns neurites on grooved quartz: influence of groove dimensions, neuronal age and cell type," *J. Cell. Sci. 110*, pp. 2905 – 2913, 1997.

[73] C. Oakley and D. M. Brunette, "The sequence of alignment of microtubules, focal contacts and actin filaments in fibroblast spreading on smooth and grooved titanium substrata," *J. Cell. Sci. 106*, pp. 343 – 354, 1993.

[74] C. S. Chen, M. Mrksich, S. Huang, G. M. Whitesides, and D. E. Ingber, "Geometric control of cell life and death," *Science 276*, pp. 1425 – 1428, 1997.

[75] J. L. Tan, J. Tien, D. M. Pirone, D. S. Gray, K. Bhadriraju, and C. S. Chen, "Cells lying on a bed of microneedles: An approach to isolate mechanical force," *Proc. Natl. Acad. Sci U.S.A 100*, pp. 1484 – 1489, 2003.

[76] N. Zaari, P. Rajagopalan, S. K. Kim, A. J. Engler, and J. Y. Wong, "Photopolymerization in microfluidic gradient generators: Microscale control of substrate compliance to manipulate cell response," *Adv. Mater. 16*, pp. 2133 – 2137, 2004.

[77] M. S. Wang, C. W. Li, and J. Yang, "Cell docking and on-chip monitoring of cellular reactions with a controlled concentration gradient on a microfluidic device," *Anal. Chem. 74*, pp. 3991 – 4001, 2002.

[78] D. D. Carlo, K. H. Jeong, and L. P. Lee, "Reagentless mechanical cell lysis by nanoscale barbs in microchannels for sample preparation," *Lab Chip 3*, pp. 287 – 291, 2003.

[79] A. Valero, F. Merino, F. Wolbers, R. Luttge, I. Vermes, H. Andersson, and A. V. D. Berg, "Apoptotic cell death dynamics of hl60 cells studied using a microfluidic cell trap device," *Lab Chip 5*, pp. 49 – 55, 2005.

[80] A. Y. Fu, H. P. Chou, C. Spence, F. H. Arnold, and S. R. Quake, "An integrated microfabricated cell sorter," *Anal. Chem. 74*, pp. 2451 – 2457, 2002.

[81] A. R. Wheeler, W. R. Throndeset, R. J. Whelan, A. M. Leach, R. N. Zare, Y. H. Liao, K. Farrell, I. D. Manger, and A. Daridon, "Microfluidic device for single-cell analysis," *Anal. Chem. 75*, pp. 3581 – 3586, 2003.

[82] S. Choi, S. Song, C. Choi, and J. K. Park, "Continous blood cell separation by hydrophoretic filtration," *Lab Chip 7*, pp. 1532 – 1538, 2007.

[83] S. K. Murthy, P. Sethu, G. Vunjak-Novakovic, M. Toner, and M. Radisic, "Size-based microfluidic enrichment of neonatal rat cardiac cell populations," *Biomed. Microdevices 8*, pp. 231 – –237, 2006.

[84] P. J. Hung, P. J. Lee, P. Sabounchi, R. Lin, and L. P. Lee, "Continous perfusion microfluidic cell culture array for high-throughput cell-based assays," *Biotechnol. Bioeng. 89*, pp. 1 – 8, 2005.

[85] D. J. Beebe, J. S. Moore, J. M. Bauer, Q. Yu, R. H. Liu, C. Devadoss, and B. H. Jo, "Functional structures for autonomous flow control inside micro fluidic channels," *Nature 404*, pp. 588 – 590, 2000.

[86] N. A. Peppas, J. Hilt, A. Khademhosseini, and R. Langer, "Hydrogels in biology and medicine: From molecular principles to bionanotechnology," *Adv. Mater. 18*, pp. 1345 – 1360, 2006.

[87] A. Khademhosseini, J. Yeh, S. Jon, G. Eng, K. Y. Suh, J. A. Burdick, and R. Langer, "Molded polyethylene glycol microstructures for capturing cells within microfluidic channels," *Lab Chip 4*, pp. 425 – 430, 2004.

[88] J. C. Love, J. L. Ronan, G. M. Grotenberg, A. G. V. der Veen, and H. L. Ploegh, "A microengraving method for rapid selection of single cells producing antigen-specific antibodies," *Nat. Biotechnol. 24*, pp. 703 – 707, 2006.

[89] C.-H. Choi, U. Ulmanella, J. Kim, C. M. Ho, and C.-J. Kim, "Effective slip and friction reduction in nanograted superhydrophobic microchannels," *Physics of Fluids 18*, p. 087105, 2006.

[90] D. Byun, J. Kim, H. S. Ko, and H. C. Park, "Direct measurement of slip flows in superhydrophobic microchannels with transverse grooves," *Physics of Fluids 20*, p. 113601, 2008.

[91] W. Xu, H. Xue, M. Bachmann, and G. P. Li, "Virtual walls in microchannels," *Proceedings of the 28th IEEE EMBS Annual International Conference 2006, New York*, pp. 2840 – 2843, 2006.

[92] A. Mall, P. R. Jelia, A. Agrawal, R. K. Singh, and S. S. Joshi, "Design of arrayed micro-structures to get super-hydrophobic surface for single droplet and bulk flow conditions," *Proceedings of the COMSOL Conference 2009, Bangalore*, 2009.

[93] R. Enright, T. Dalton, C. Eason, M. Hodes, T. Salamon, P. Kolodner, and T. Krupenkin, "Friction factors and nusselt numbers in microchannels with super hydrophobic walls," *Proceedings of ICNMM2006, Fourth International Conference on Nanochannels, Microchannels and Minichannels, Limerick 2006*, pp. 1 – 11, 2006.

[94] T. Dalton, C. Eason, R. Enright, M. Hodes, P. Kolodner, and T. Krupenkin, "Challenges in using nano-textured surfaces to reduce pressure drop through microchannels," *IEEE XPlore*, 2006.

[95] Y. P. Cheng, C. J. Teo, and B. C. Khoo, "Microchannel flows with superhydrophobic surfaces: Effects of reynolds number and pattern width to channel height ratio," *Physics of Fluids 21*, p. 122004, 2009.

[96] J. P. Rothstein, "Slip on superhydrophobic surfaces," *Annu. Rev. Fluid Mech. 42*, pp. 89 – 109, 2010.

[97] X. Liu and C. Luo, "Fabrication of super-hydrophobic channels," *J. Micromech. Microeng. 20*, p. 025029, 2010.

[98] W. Menz, J. Mohr, and O. Paul, *Mikrosystemtechnik für Ingenieure*. Wiley-VCH, 2005.

[99] R. R. Agayan, W. C. Banyai, and A. Fernandez, "Scaling behavior in interference lithography," *23rd Annual International Symposium on Microlithography Emerging Lithographic Technologies, Santa Clara*, pp. 574 – 577, 1998.

[100] M. Worgull, *Hot embossing:theory and technology of microreplication*. Elsevier Science, 2009.

[101] J. L. Throne, J. Beine, and unter Mitarb. von M. Heil, *Thermoformen: Werkstoffe, Verfahren, Anwendung*. Hanser Fachbuch, 1999.

[102] S. Giselbrecht, *Polymere, mikrostrukturierte Zellkulturträger für das Tissue Engineering*. PhD thesis, Universität Karlsruhe (TH), 2005.

[103] R. Truckenmüller, *Herstellung von dreidimensionalen Mikrostrukturen aus Polymermembranen*. PhD thesis, Universität Karlsruhe (TH), 2002.

[104] G. Bradski and A. Kaehler, *Learning OpenCV*. O'Reilly Media, 2008.

[105] D. Zhang and G. Lu, "Segmentation of moving objects in image sequence: A review," *Circuits Systems Signal Processing 20*, pp. 143 – 183, 2001.

[106] J. Canny, "A computational approach to edge detection," *IEEE Transactions on Pattern Analysis and Machine Intelligence 8*, pp. 679 – 714, 1986.

[107] S. Suzuki and K. Abe, "Topological structural analysis of digitized binary images by border following," *Computer Vision, Graphics and Image Processing 30*, pp. 32 – 46, 1985.

[108] T. D. Haig, Y. Attikiouzel, and M. D. Alder, "Border following: new definition gives improved borders," *IEEE Proceedings-I, 139*, pp. 206 – 211, 1992.

[109] Z. Zhang, "Parameter estimation techniques: a tutorial with application to conic fitting," *Image and Vision Computing 15*, pp. 59 – 76, 1997.

[110] G. R. Szilvay, *Self-assembly of hydrophobin proteins from the fungus Trichoderma reesei*. PhD thesis, University of Helsinki, 2007.

[111] H. A. B. Wösten and M. L. de Vocht, "Hydrophobins, the fungal coat unravelled," *Biochimica et Biophysica 1469*, pp. 79 – 86, 2000.

[112] P. Laaksonen, J. Kivioja, A. Paananen, M. Kainlauri, K. Kontturi, J. Ahopelto, and M. B. Linder, "Selective nanopatterning using citrate-stabilized au-nanoparticles and cystein-modified amphiphilic protein," *Langmuir 25*, pp. 5185 – 5192, 2009.

[113] G. Sauerbrey, "Verwendung von Schwingquarzen zur Wägung dünner Schichten und zur Mikrowägung," *Zeitschrift für Physik 155*, pp. 206 – 222, 1959.

[114] H. Y. Erbil, G. McHale, S. M. Rowan, and M. I. Newton, "Determination of the receding contact angle of sessile drops on polymer surfaces by evaporation," *Langmuir 15*, pp. 7378 – 7385, 1999.

[115] Z. Wang and R.-X. Li, "Fabrication of dna micropatterns on the polycarbonate surface of compact discs," *Nanoscale Res. Lett. 2*, pp. 69 – 74, 2007.

[116] E. Moy, F. Y. H. Lin, J. W. Vogtle, Z. Policova, and A. Neumann, "Contact angle studies of the surface properties of covalently bonded poly-l-lysine to surfaces treated by glow-discharge," *Colloid Polym. Sci. 272*, pp. 1245 – 1251, 1994.

[117] J. Drelich, J. D. Miller, and R. J. Good, "The effect of drop(bubble) size on advancing and receding contact angles for heterogeneous and rough surfaces as observed with sessile drop and captive bubble techniques," *J. Colloid and Interface Science 179*, pp. 37 – 50, 1996.

[118] M. Rothley, A. Schmid, W. Thiele, V. Schacht, D. Plaumann, M. Gartner, A. Yektaoglu, F. Bruyere, A. Noel, A. Giannis, and J. Sleeman, "Hyperforin and aristoforin inhibit lymphatic endothelial cell proliferation in vitro and suppress tunor-induced lymphangiogenesis in vivo," *Int. J. Cancer 125*, pp. 34 – 42, 2009.

Schriften des Instituts für Mikrostrukturtechnik
am Karlsruher Institut für Technologie
(ISSN 1869-5183)

Herausgeber: Institut für Mikrostrukturtechnik

**Die Bände sind unter www.ksp.kit.edu als PDF frei verfügbar oder
als Druckausgabe bestellbar.**

Band 1 Georg Obermaier
**Research-to-Business Beziehungen: Technologietransfer durch Kommu-
nikation von Werten (Barrieren, Erfolgsfaktoren und Strategien).** 2009
ISBN 978-3-86644-448-5

Band 2 Thomas Grund
Entwicklung von Kunststoff-Mikroventilen im Batch-Verfahren. 2010
ISBN 978-3-86644-496-6

Band 3 Sven Schüle
**Modular adaptive mikrooptische Systeme in Kombination mit
Mikroaktoren.** 2010
ISBN 978-3-86644-529-1

Band 4 Markus Simon
Röntgenlinsen mit großer Apertur. 2010
ISBN 978-3-86644-530-7

Band 5 K. Phillip Schierjott
**Miniaturisierte Kapillarelektrophorese zur kontinuierlichen Über-
wachung von Kationen und Anionen in Prozessströmen.** 2010
ISBN 978-3-86644-523-9

Band 6 Stephanie Kißling
**Chemische und elektrochemische Methoden zur Oberflächenbear-
beitung von galvanogeformten Nickel-Mikrostrukturen.** 2010
ISBN 978-3-86644-548-2

Band 7 Friederike J. Gruhl
**Oberflächenmodifikation von Surface Acoustic Wave (SAW) Bio-
sensoren für biomedizinische Anwendungen.** 2010
ISBN 978-3-86644-543-7

Band 8 Laura Zimmermann
**Dreidimensional nanostrukturierte und superhydrophobe mikro-
fluidische Systeme zur Tröpfchengenerierung und -handhabung**
ISBN 978-3-86644-634-2